U0382036

中国战塑的
绿色密码

方　婧　史大宁　周晋峰　张　明　等　著

中国社会科学出版社

图书在版编目（CIP）数据

中国战塑的绿色密码 / 方婧等著. -- 北京：中国
社会科学出版社，2024. 10. --（绿色发展系列丛书）.
ISBN 978-7-5227-4310-3

Ⅰ．X5

中国国家版本馆 CIP 数据核字第 20243B1H23 号

出 版 人	赵剑英
责任编辑	谢欣露
责任校对	周晓东
责任印制	郝美娜

出　　版	中国社会科学出版社
社　　址	北京鼓楼西大街甲 158 号
邮　　编	100720
网　　址	http://www.csspw.cn
发 行 部	010-84083685
门 市 部	010-84029450
经　　销	新华书店及其他书店

印　　刷	北京明恒达印务有限公司
装　　订	廊坊市广阳区广增装订厂
版　　次	2024 年 10 月第 1 版
印　　次	2024 年 10 月第 1 次印刷

开　　本	880×1230　1/32
印　　张	7.125
字　　数	128 千字
定　　价	38.00 元

志愿者服务队照片集锦

图1 2023 年 12 月中国绿发会"人民战塑"行动海南活动现场照片

[2023 年 12 月初，中国生物多样性保护与绿色发展基金会（以下简称中国绿发会）"减塑捡塑"工作组"人民战塑"项目的志愿者在海口白沙门环保教育站、白沙门海滩开展"人民战塑"活动，志愿者积极参与，并向来到海口观光旅游的游客宣传环保理念，普及环保知识，讲解垃圾分类等，号召大家共同为减少污染、保护生态环境贡献力量。]

图2　2023年10月中国绿发会"人民战塑"行动湖南活动现场照片

（2023年10月15—31日，由湖南省常德市河小青行动中心、文理绿色卫士大队、中国绿发会大学生发展工作委员会团队下的湖南文理学院护鸟营联合中国绿发会"减塑捡塑"工作组"人民战塑"项目的志愿者共同开展了"'河'我一起，保护母亲河"活动，志愿者分别在校园、白马湖、穿紫河、沅江开展净滩活动。）

图3　2024年1月中国绿发会"人民战塑"行动河北省活动现场照片

（2024年1月20日，中国绿发会"减塑捡塑"工作组"人民战塑"项目志愿者在河北省唐山市乐亭县举办了一场海洋保护翻转课堂和减塑讲座。）

图 4　"美丽公约"发起人——史宁

图 5　中国绿发会"人民战塑"行动山东省活动现场照片

　　（2024 年 2 月 12 日，中国绿发会"减塑捡塑"工作组"人民战塑"项目志愿者，来到山东省沭河岸边的饮用水水源二级保护区，与水源保护区周边居民一起，开展了一场轰轰烈烈的"人民战塑"活动。）

图 6 "美丽公约"志愿者服务队——格桑花队

图 7 "美丽公约"志愿者服务队——林芝服务队

图 8　"美丽公约"第 1—22 期驻站工作者

图 8 "美丽公约"第 1—22 期驻站工作者（续）

图 8 "美丽公约"第 1—22 期驻站工作者(续)

图 8 "美丽公约"第 1—22 期驻站工作者（续）

图 9 "美丽公约"小卫士

《中国战塑的绿色密码》

撰写组成员（按姓氏笔画顺序）

方　婧　王　豁　王　静　王兰亭　王攀攀　王嘉伊

韦　琦　史大宁　史　宁　刘赫扬　李　俊　李利红

任依依　吴盛恩　张　明　陈翰博　周晋峰　单胜道

罗玉洁　姚嘉一　姚献平　高　旋　曹幼萱

参与撰写单位

浙江科技大学

中国生物多样性保护与绿色发展基金会

浙江省生态环境宣传教育中心

杭州市化工研究院

序 一

参与"减塑捡塑"，成为"有准备的人"

微塑料，从在北极冰芯中到在人类血栓中首次被发现，再到国际最新研究发现每升瓶装水中含有多达 24 万个纳米塑料颗粒，每一次关于塑料问题的研究，总是会刷新我们的认知。

由于结论太过令人震惊，所以每当中国生物多样性保护与绿色发展基金会"减塑捡塑"工作组发布这些国际、国内最新研究成果的时候，总是有很多人问我"这到底是不是真的"，而我的回答也往往会让提问者希望破灭，因为在我们的日常生活中，在江河湖海中，塑料已是无处不在了。这对一些天然矿泉水生产企业，显然是一个迫在眉睫的严峻挑战，因为塑料问题，正在让我们从"大自然的搬运工"，逐渐地变成大自然中"塑料的搬运工"。

由于塑料制品的大量生产、应用，以及随后产生的塑料垃圾，微塑料——一种直径只有纳米级和微米级大小的难以降解的塑料颗粒——成为遍布全球的新型污染物和主要污染载体之一。

与常规污染物相比，以微塑料为代表的新污染物，除危害严重、范围广泛，还存在风险隐蔽、不易降解、来源广泛、减排替代难度大、涉及领域多等特点。因此，它们成为构建人类命运共同体要解决的痛点与难点。

也许有人说，离开剂量谈危害，是不客观的，虽然微塑料被证实了广泛存在，但对人体危害的情况，还需要达到一定的浓度才行。这一观点不能说不对，但很明显，忽略了时间这一维度。随着时间的累积，塑料势必会对人体健康带来质的改变。我们不该也不能对此抱有任何侥幸心理。

衣食住行、大事小情，人们都离不开塑料。塑料从一项了不起的科技发明，到成为突出的全球性危机，其中也承载着很多故事。本书中对此有详细讲述，大家可以在相应的章节看到。在此，我想重点强调的一点是，面对这些现实的问题，找到对应的解决方案，是我们需要投入更多关切的核心。

目前，人们对塑料所产生的一系列问题，还处于应对乏力的状态。在本书的撰稿阶段，联合国正为应对塑料危机而频繁召开会议，希望尽快推动"塑料条约"的出台；"世界地球日"把 2024 年的主题确定为"全球战塑"，希望更多的人关注塑料带来的环境污染。而塑料问题的根本解决，离不开两个方面：减少塑料的使用和减少塑料的环境污染，也就是我们常说的"减塑""捡塑"。

如何"减塑"？又该怎样"捡塑"？

我想可以这样来认识：减塑，涵盖了生产、加工、使用的全过程，包括政府制定政策、科研提供技术、企业低碳转型、绿色消费引导等，这些举措可以从根本上减缓塑料问题；"捡塑"，更侧重于对已经发生的塑料危害采取积极的应对措施，比如广泛动员群众力量，发起"人民战塑"行动，从被丢弃在高原、田野、河流等各类生态系统中的塑料垃圾着手，进行垃圾捡拾行动，来清洁我们的地球。

"减塑"与"捡塑"，同时又是一个密切关联、互相影响的统一体。比如"人民战塑"行动，虽是以广大公众参与"捡塑"活动为主，但在这些分散的一个个具体的活动中，可以梳理出形成塑料垃圾的企业产品及品牌情况、不同类型垃圾种类占比、垃圾分布集中区域、参与行动的年龄状况等大数据。这些数据可以形成翔实、精准的战塑报告，帮助地方政府更好地了解塑料问题治理的重点，让塑料制品企业的生产者环境责任得到更好的延伸，对人类更好地应对塑料危机也将发挥重要的推动作用。

当然，在此书所列战塑故事和优秀案例之外，我相信一定还有更多战塑的好方法、好故事等待着我们去挖掘。我想这也是本书编撰的一个重要目的——以一得之见，做引玉之砖，育战塑繁花。

毫无疑问，塑料问题将会越来越成为一个突出的问题，与个体的生活方式、学术研究，甚至工作开展，都息息相关。危险来临的时候，往往也伴随着机遇。翻开这本书，通过早学习、早参与、早研究，去深入了解我们今天面临的挑战和应对挑战的思路，让自己成为"有准备的人"。

希望这本书能给你一些帮助。

周晋峰

中国生物多样性保护与绿色发展基金会副理事长兼秘书长

世界艺术与科学院（WAAS）院士

罗马俱乐部（Club of Rome）执委

全国创新争先奖获得者

第九届、第十届、第十一届全国政协委员

序 二

离开塑料，何以代之？

人类文明发展是从利用材料和制造材料开始的，正是形形色色的材料构成了世间万物。材料的不断更新与发展推动了人类社会的进步。至今，材料仍然是现代人类经济社会发展的重要基础，如传统的天然生物基材料木材、棉花及经深加工制成的纸张和纺织品等；又如现代以石油基制成的高分子材料，如五花八门的塑料等。塑料，虽然历史短暂，却引领了一场革命，风靡全球；然而在资源和环境压力挑战的当下，它们正悄悄地给人类带来了重大风险。

自 1950 年以来，人类已生产了超 90 亿吨塑料，其中约 90% 的塑料成了废物（垃圾），并且这一数字还在不断上升。若不发生改变，预计未来 30 年，塑料垃圾量将是现有的 3 倍。地球从"蓝色星球"演变成"塑料星球",这已不是危言耸听。从马里亚纳海沟到珠穆朗玛峰,从南极到北极,从大地、空气、水体到人类血液、器官,塑料无处不在,正危害着地球上的生命。一场"全球战塑"的战斗正在打响,也必须打响。

然而,我们似乎已经离不开塑料了。从日常用品到医疗设备,从工业材料到农用地膜,塑料的便利性和功能性无处不在,可以毫不夸张地说,我们已生活在塑料时代。然而,塑料这一人造高分子材料,从诞生开始就决定了它的不可降解性和难以回收性。塑料的处理与处置相当困难:焚烧塑料,会释放大量有毒气体,如甲苯、氯化氢、氰化氢、甲苯二异氰酸酯、环氧化物,甚至二噁英等污染物,造成大气污染,严重影响人类健康;填埋塑料,需要大量的土地资源,填埋后的土地难以恢复原状,塑料在填埋场内还可能泄漏到地下水和土壤中,影响生态环境。2022年世界自然基金会发布的《化学回收实施原则》报告指出,所有的塑料垃圾中,只有9%得到回收利用,而且这个问题并不能由回收本身解决。因此,我们该采取怎样的措施来应对塑料所带来的威胁,这是个值得深思的问题。

在这次战塑革命中,发达国家在科技攻关上领先发展。例如,美国在1950年就掀起利用生物基纳米纤维素代替塑料的探索浪潮；日本近年来已经采用纸基材料代替塑料制造行李箱，它甚至比塑料材质还要坚固耐用；欧盟多国也提倡利用聚乳酸、淀粉、纳米纤维素等生物基原料取代塑料原料生产餐具、食物包装及3D打印材料等。尽管中国在生物基新材料领域取得了显著成就，但与国际先进水平相比，仍有较大差距。作为科技工作者，我时常思考，离开塑料，我们何以代之？塑料的确具备某些方面独特而优异的性能，我们必须要找到新材料能够替代它，否则难以从真正意义上去减少塑料使用。当这本《中国战塑的绿色密码》科普读物摆在我面前时，我感到非常欣慰，因为我看到已经有诸多年轻的科研工作者开始思考塑料问题，并致力于为解决塑料问题贡献力量。

就教育宣传方面，普通群众的生态文明意识不强，很难在塑料的便捷和安全健康中做出取舍。我们需要让普通大众能了解到塑料问题的存在，了解塑料问题的来源和解决办法。意识决定行为，相信认清塑料问题的本质后，我们一定会团结起来，共克塑料污染难题。

在政府管理层面，应加强环保管理制度，制定相应政策来平衡塑料与环境之间的利益关系。不可降解的塑料之所以会比可降解的便宜，是因为管理层忽略了塑料对环境破坏后的修复费用，而这一部分环保费用无人愿意承担，因此提倡将环保税纳入塑料产品的生产和使用过程。

在产业发展领域，加强跨学科的合作对于战略性新兴产业至关重要。生物基新材料，是大自然给予我们的安全材料，如从木材、毛竹、棉花、农作物等天然植物中分离出来的淀粉、纤维素、木质素等都是制造生物基可降解塑料的良好原料，利用这些原料制造的地膜可为农业领域带来更可观的收益，这样的地膜不用回收，且土壤里没有微塑料，1—3 个月就能完全降解成为肥料，使土壤肥力增加，甚至可显著减少农药或除草剂，不仅可节约农业成本，而且可降低粮食中农药残留风险。

从科技创新角度，关键技术的自主创新被视为国家发展的核心。生物基新材料技术不仅对经济发展至关重要，也是应对紧急事件的关键。"以纸代塑"是以传统的纸张为基材，赋予其防油、疏水、阻隔、抗菌等诸多功能特性的创新技术。纤维纳米化技术的诞生，正在给传统的造纸业带来新生，不仅能为解除塑料给环境带来的危机提供一种全新的解决方案，而且由于纳米纤维素具有与碳纤维相当的强度和超轻质量，可以显著提高纸张性能。该技术采用更多的废纸浆或草浆代替木浆，可以节约国家森林资源，还可以发挥其功能特性替代大量的由石油基制造的塑料，是一项绿色低碳的高新技术，将有助于战塑经济的高质量发展。

最后，我想说，《中国战塑的绿色密码》是一本及时的好书，语言简洁但内容丰富，涵盖了包括教育宣传、政府管理、产业发展、科技创新等全方位的"战塑"理念。该书撰写组经过十余年的实践与准备，积累了丰富的抗击塑料污染科普资源，讲述塑料与生活的关系、塑料与健康的关系、技术创新与塑料的关系、国家与行业应对塑料问题的故事、民间战塑人物故事等内容，引导并激发公众对"全球战塑""中国战塑""人民战塑"的兴趣和理解。作为一名从事了几十年科研工作的"老兵"，我鼓励更多年轻力量参与科普工作。我真诚地希望每个人都能够认真地读一读这本书，共同推动"中国战塑"事业的发展。

姚献平

浙江省特级专家、生物质材料专家

俄罗斯自然科学院院士、中国化工学会会士

杭州市化工研究院院长

前　　言

　　"白色污染"即塑料污染，这个词对于大多数中国人来说并不陌生。中国于20世纪90年代初提出了"白色污染"概念，这一警示很快得到国际社会的认同。在接下来的几十年里，中国人民始终坚持不懈地抗击塑料污染问题。然而，对于大多数普通老百姓而言，"白色污染"似乎仅仅是塑料袋的问题，随处可见的塑料袋的确污染了环境。"微塑料"，是一个2004年在国际顶级期刊《科学》（*Science*）上诞生的新名词，近年来成了全球科学家研究的热点，不断冲击着公众的视野。科学家不断地揭示微塑料与生命健康的关系，《科学》和《自然》（*Nature*，另一本国际顶级期刊）连续发表重磅成果，将微塑料与严重的健康问题联系起来。啊！人们开始惊讶。是的，塑料污染不仅仅是可见的塑料袋污染环境，而是可怕的毒物侵蚀我们的生命。

当前，塑料污染已经成为一项全球性的污染危机，对环境和人类健康构成了巨大的威胁。塑料污染已成为仅次于气候变化的全球性环境焦点问题，对全球可持续发展带来极大挑战！2022 年 3 月，在第五届联合国环境大会续会上，《终止塑料污染决议（草案）》获得通过，并分别于 2022 年 11 月和 2023 年 5 月底至 6 月初召开了两次"塑料条约"政府间谈判会议。2024 年 4 月 23 日，为期一周的第四届塑料污染（包括海洋环境中的塑料污染）政府间谈判委员会（INC-4）全体会议在加拿大渥太华举行。按照联合国环境大会决议，建立一个政府间谈判委员会，到 2024 年达成一项具有国际法律约束力的协议，涉及塑料制品的整个生命周期，包括其生产、设计、回收和处理等。该协议旨在制定一项关于塑料污染（包括海洋环境中的塑料污染）具有法律约束力的国际文书，距离世界"塑料公约"只有一步之遥。按照谈判议程，除在渥太华的第四届会议外，2024 年年底将在韩国釜山完成所有谈判。联合国环境署发布 2023 年世界环境日的主题为"减塑捡塑"（Beat Plastic Pollution）。2024 年第 55 个世界地球日的主题是"全球战塑"（Planet vs. Plastics）。由此可见，一场全人类抗击塑料污染的战斗已经打响了。

　　在各级政府的不懈努力下，中国塑料污染势头得到一定程度的遏制。然而，废弃塑料被随意丢弃仍然是塑料污染的重要源头。人们似乎对塑料袋的"情缘"难以了却，依然"我行我塑"，似乎没有意识到塑料污染正在给人类带来灾难。虽然，塑料污染防控的基础研究和应用研究取得了较大成效，但如何改变人们随意丢弃塑料的行为、如何减少人们对塑料使用的依赖，归根结底是如何提高人们的生态环保意识，至关重要的是，要加强塑料污染防控科普工作。只要人们正确认识塑料问题，找到正确的解决办法，树立起战胜塑料污染的信心，全球塑料污染危机便可有效地化解。科普宣传是改变人们意识的有效手段。习近平总书记在全国科技创新大会、中国科学院和中国工程院院士大会、中国科协第九次全国代表大会上发表重要讲话指出："科技创新、科学普及是实现创新发展的两翼，要把科学普及放在与科技创新同等重要的位置。"① 当前形势下，有关塑料污染产生、发展和治理科学知识的普及已刻不容缓。

　　我们，有的是高等学校的博士、教授，有的是研究院所的

————————————

① 习近平：《为建设世界科技强国而奋斗——在全国科技创新大会、两院院士大会、中国科协第九次全国代表大会上的讲话》，人民出版社 2016 年版，第 18 页。

专家，有的是全国性公益公募基金会员工、领导，有的是从事环保宣传教育的专职工作人员，有的是全国性公益行动创始人，有的是扎根一线的志愿者服务队成员。我们，有着共同的"战塑"情怀，把我们的科学研究成果，把我们遇到的英雄故事，把我们经历的所见所闻、所思所想，凝聚成《中国战塑的绿色密码》。在这本书中，我们想诠释一种抗击塑料污染的"人与自然和谐共生的生态理念"。我们希望的"战塑"是绿色的、生态的，是基于一种人与自然复合生态系统理论的人类行为。我们希望塑料能够循环利用，我们希望行业企业不仅履行解决就业的社会责任，更应有关爱人类可持续发展的生态责任。我们希望广大老百姓自觉学习诸多与健康相关的科学知识，不仅要关心自身，更要关心自然，学会生态地、系统地、长远地看待技术的发展，提高生态素质。

本书共分为四章。第一章塑料的前世今生，讲述塑料的神奇诞生之路、人与塑料之生死相依、地球的塑料之殇，带领读者了解塑料的起源、发展以及其与人类的关系；第二章战塑之国，讲述中国之战塑政策彰显减塑决心和行业战塑先锋引领减塑变革，带领读者了解我们的国家政府和各行各业抗击塑料污染的成功故事；第三章战塑科技，讲述科技发展如何改变塑料的"基因",让塑料变得易于降解和回收,如何从废弃塑料中提取有价值的资源,实现财富增长,如何加快废弃塑料的降解,缓解当前环境压力,带领读者了解解决塑料污染的科技途径;第四章人民战塑,讲述人本解决方案、战塑先锋、"美丽公约"之战塑足迹以及蓝色循环项目,带领读者了解中国企业、民间组织和人民为抗击塑料污染做出贡献的感人故事。全书语言通俗易懂、简洁明了、幽默风趣、深入浅出,希望带给读者轻松的阅读体验。

　　本书由浙江科技大学方婧教授牵头组织撰写并定纲定稿。参与撰写的成员有来自浙江科技大学的单胜道教授、刘赫扬教授、李俊研究员、王兰亭博士、高旋博士、姚嘉一博士、陈翰博博士、王攀攀博士,来自中国生物多样性保护与绿色发展基金会的周晋峰副理事长、史大宁博士和深度支持"减塑捡塑"工作的王豁、王静、韦琦、李利红、罗玉洁、曹幼萱,以及"美丽公约"创始人史宁,来自浙江省生态环境宣传教育中心的张明、任依依、王嘉伊,来自杭州市化工研究院姚献平正高级工程师、吴盛恩高级工程师。本书在撰写过程中得到了浙江科技大学、中国生物多样性保护与绿色发展基金会、杭州市化工研究院、浙江省生态环境宣传教育中心等单位的大力支持和帮助，同时也得到了清华大学环境学院温宗国教授、中国科学院青藏高原研究所王小萍研究员等人的大力支持和帮助。在此，本书编撰组向所有为本书撰写和出版提供帮助和关爱的单位和个人表示最诚挚的感谢！

因作者学识和水平有限，书中错误与不妥之处在所难免，敬请读者批评指正。

《中国战塑的绿色密码》撰写组

2024 年 5 月 31 日

目　　录

第一章

塑料的前世今生

第一节　塑料的神奇诞生之路

在古代文明时期，人类就开始利用一些天然材料，如石头、骨头和木头制作各种物品。然而，这些材料存在一些局限性，或不够坚固，或容易磨损，或在特定条件下容易腐烂等。为了克服这些问题，人类迫切需要寻求新的、更好的材料。

在历史长河中，人类发现了一种神奇的物质——树脂。树脂是一种来自树木和植物的黏性物质，具有惊人的潜力，可用于胶合物品，甚至涂在纺织品上以实现防水效果。早在 19 世纪以前，人们已经开始使用沥青、松香、琥珀、虫胶等天然树脂。然而，天然树脂存在一个明显的缺点，即在受热时软化、在寒冷时变脆。这一问题在 19 世纪末引起了科学家的关注，他们开始研究如何改进树脂，使其更符合人们的需求。于是，在这个时期，塑料便应运而生，其诞生和其他发明一样具有偶然性。"塑料"一词源于希腊语"πλαστικός"（plastikos），意味着能够被塑形或模制的。如今，塑料已经成为一个涵盖各种材料的术语，由聚合物和添加剂制成，可以通过模压和铸造制成各种形状。聚合物既可以是天然的也可以是人工合成的，天然聚合物有纤维素、蛋白质纤维（如丝、羊毛）、淀粉、天然橡胶等，人工聚合物常见的有聚乙烯、聚丙烯、尼龙、合成橡胶、合成纤维等。构成塑料的聚合物是由短的重复亚单位在聚合过程中连接而成的长分子链。这些极长、柔软且相互关联的分子链赋予了塑料强度和柔韧性。塑料的发现与发展之路，既有风光时期也曾遭受非议。瑕不掩瑜，塑料依然是近代以来对人类发展做出重要贡献的新材料。塑料的诞生，本就是一个处处充满神奇的故事。

一　硝化纤维

1845 年，德国化学家舍恩拜因（Christian Friedrich Schönbein）在进行实验时，不慎碰倒了放在桌子上的浓硫酸和浓硝酸。他匆忙用妻子的围裙擦拭溶液，事后便将围裙挂在炉边晾起来。然而，意外发生了，围裙突然着火，并在瞬间化为灰烬。舍恩拜因对这一有趣现象产生了浓厚兴趣，并在实验室中多次试验后，最终找到了原因。布质围裙主要由纤维素构成，在与浓硫酸和浓硝酸混合液反应后生成了硝化纤维脂，这也就是后来被广泛应用的硝化纤维材料。舍恩拜因还发现了该材料具有可塑性，并成功制造出一些具有防水性能的器皿，如碗、杯、瓶和茶壶等。他专门写信将这一新发现告知好友——著名科学家法拉第。然而，可惜的是当时法拉第未能给予足够关注，导致这些创新成果在那个年代未被广泛知晓。

二 火胶棉

19世纪，摄影领域要使用一种关键材料——火胶棉，这是硝酸盐纤维素在酒精和醚中形成的溶液，用于将光敏化学药品附着在玻璃上，制作类似于现代照相胶片的产品。19世纪50年代，英国摄影师亚历山大·帕克斯（Alexander Parkes）尝试将火胶棉与樟脑混合，从而创造出一种可弯曲的硬质材料，并将其命名为"帕克辛"（Parkesine）。这可以说是世界上最早的热塑性塑料。它具有在加热后变软、冷却后重新硬化的特性，同时还具备柔韧性和耐久性。帕克斯应用"帕克辛"制作了梳子、笔、纽扣和珠宝饰品等各种物品，在1862年的伦敦世博会上展示它们并荣获铜奖。然而，"帕克辛"源于天然植物材料，由于无法进行工业化生产，其价格昂贵且难以普及。此外，"帕克辛"在使用一段时间后容易发生变形和开裂等质量问题。尽管商业应用有限，但这一发现为未来塑料的发展铺平了道路。

三 赛璐珞

从各方面来看，真正意义上的塑料起源于"赛璐珞"。这一富有戏剧性的历史故事，与台球运动有着深厚的渊源。14 世纪，台球运动在西欧兴起，并在北欧皇室和富人社交圈中流行起来，逐渐演变成为全球流行的体育项目。当时，台球的制作原料是象牙，但每根象牙只能制作约 5 枚台球。随着人们对台球的需求增加，大象的生存受到威胁，而原料的短缺也限制了台球运动的发展。1865 年，美国费蓝卡伦迪公司发布广告，悬赏 1 万美元，寻找象牙台球的替代品。一位名叫约翰·海厄特（John W. Hyatt）的印刷工人在研究硝化纤维时发现，当硝化纤维在酒精中溶解，涂覆在物体表面后能形成透明而坚固的膜。他尝试将这种膜凝结成球状，但一直失败。最终，在 1869 年，他发现在硝化纤维中加入樟脑后，硝化纤维变成了一种柔韧、坚硬且不脆的材质，可以在热压下任意改变形状。因为原料纤维素的名字是"Cellulose"，所以海厄特就给这种新材料命名为"赛璐珞"（Celluloid），又名"假象牙"。由于赛璐珞具有价格低廉、可工业化等优势，迅速代替象牙用于制作台球。1872 年，海厄特在美国建立了生产赛璐珞的工厂，将该材料用于制造马车和汽车的风挡，并逐渐涵盖了箱子、纽扣、直尺、乒乓球、眼镜架、电话外壳、梳妆盒、玩具等产品。这一创举开创了塑料工业的新时代，同时也推动了模压成型技术的发展。

在赛璐珞被发现之后的半个世纪左右，1902 年，奥地利科学家马克斯·舒施尼在赛璐珞的进一步研究试验之中首次创造了我们今天看到的塑料袋。由于其轻便、结实，以及相对低廉的制作成本，这种新型塑料袋很快赢得了市场的青睐。但很快，舒施尼发现这种塑料袋不易受酸碱腐蚀，难以被消除分解。因此，她与赞助商达成协议，先在部分商场试点投放少量塑料袋，等待找到合适的消除分解方法后再全面地投放市场。当时，她并未意识到消除分解塑料袋的难度。然而，塑料袋一经面世立即受到消费者的热烈欢迎，一发不可收。人们不再需要提着笨重的篮子或筐子出门，奥地利迅速掀起了一股"塑料袋热"。拿着一个塑料袋走在路上的人即刻成为吸引人们眼球的焦点，甚至比拿着高档包包的人更加引人注目。人们为了获取一个塑料袋，愿意特意从国外赶到奥地利的试点商场购物，甚至有富豪将塑料袋收藏起来。在当时，乱扔塑料袋可是极其奢侈的行为。商人们迅速意识到其中蕴藏的巨大商机，纷纷前来拜访舒施尼，但都遭到了她的拒绝。这些商人转而寻找舒施尼的赞助商，后者在金钱的诱惑下背弃了与舒施尼的协议，从中牟取了巨额利润。由于制作工艺简便，使用便捷且结实，塑料袋逐渐普及。如今，尽管"塑料热"现象逐渐退去，但塑料袋已经完全渗透到人们的生活中。在当时，人们完全没有意识到塑料袋对人类和环境的危害。

一直以来，舒施尼致力于寻找一种有效消除分解塑料袋的方法，然而，她所尝试的各种方法均以失败告终。面对塑料袋的不断增加，她感到无力应对，而欧美国家塑料袋的大规模使用让她更加感到无奈。舒施尼逐渐意识到塑料袋宛如地狱中的恶魔，难以根除，而她自己竟成为引入塑料袋的"罪人"。最终，于1921年，她选择了在实验室结束自己的生命，展现了她对塑料袋危害的深切认识和责任感。

四　酚醛塑料

早期的赛璐珞因含有易燃的硝酸银从而制造范围受限。20世纪初，高分子化学领域取得突破，科学家认识到可用于涂料、黏合剂和织物的天然树脂和纤维都是聚合物，即结构重复的大分子。在这一背景下，美籍比利时化学家列奥·亨德里克·贝克兰（Leo Hendrik Baekeland）于1907年发明了第一种耐高温的完全合成塑料——酚醛塑料，也被命名为"贝克莱特"（Bakelite）。赛璐珞来自化学处理过的火胶棉以及其他含纤维素的植物材料，而酚醛塑料是世界上第一种完全人工合成的塑料。贝克兰于1907年7月14日注册了酚醛塑料的专利。极具戏剧性的是，英国同行詹姆斯·斯温伯恩（James Swinburne）爵士只比他晚一天提交专利申请，否则英文里酚醛塑料可能要叫"斯温伯莱特"（Swinburnelite）。1909 年 2 月 8 日，贝克兰在美国化学协会纽约分会的一次会议上展示了这种塑料。酚醛塑料具有绝缘、稳定、耐热、耐腐蚀、不可燃等特性，贝克兰称它为"千用材料"。这一发明在汽车、无线电和电力工业迅速地得到应用，用于制造插头、插座、收音机、电话外壳、阀门、齿轮、管道等。尽管存在一些缺点，如受热变暗、颜色有限和易碎等，然而，这并不影响其成为当时最炙手可热的新型材料之一。1940 年 5 月 20 日的《时代》周刊则将贝克兰称为"塑料之父"。塑料产量在贝克兰去世后的 1945 年达到 40 万吨，1979 年更是超过了代表工业时代的钢的年产量。

五　尼龙

1928 年，杜邦公司创建了基础化学研究所，不到两年，该所负责人华莱士·卡罗瑟斯博士在线型聚合物尤其是聚酯的制备方面取得了显著进展。1930 年，卡罗瑟斯的助手发现，通过缩聚反应制备的高聚酯，如同棉花糖一样可以被拉成细丝，并且这种纤维状物质即使在冷却后仍能够持续拉伸，拉伸长度可达到原来的几倍。冷却拉伸后，纤维的强度、弹性、透明度和光泽度都显著提高。这种特殊性质让人们意识到，通过熔融的聚合物纺制纤维可能具有巨大的商业潜力。

随后，卡罗瑟斯深入研究了一系列聚酯和聚酰胺类化合物，最终选定了由己二胺和己二酸合成的聚酰胺 66 纤维。这种聚酰胺不溶于普通溶剂，熔点高达 263℃，拉制的纤维外观和光泽类似丝绸，其结构和性质接近天然丝，而且具有卓越的耐磨性和强度，超过了当时任何其他纤维。1938 年 10 月，杜邦公司宣布世界上首个合成纤维诞生，并将其命名为尼龙（Nylon），又称耐纶。尼龙后来在英语中成为"由煤、空气、水或其他物质合成的，具有耐磨性和柔韧性、类似蛋白质化学结构的所有聚酰胺的总称"。尼龙也被誉为"比蜘蛛丝更细，比钢铁更坚硬，优于丝绸的纤维"。尼龙的问世彻底地改变了纺织业，不仅是合成纤维工业的巅峰突破，也是高分子化学发展的重要里程碑。1940 年，女性穿的尼龙袜，即丝袜正式上市。尼龙纤维成为多种合成纤维的原料，其坚硬型号的产品也在建筑业中得到应用。1958 年 4 月，中国国产己内酰胺首次试验成功，标志着中国合成纤维工业的起步。因起源于锦州化工厂，这种合成纤维在中国被命名为"锦纶"。

尼龙作为主要的工程塑料之一，具有多项优越性能，包括卓越的耐磨性、轻质、出色的弹性、化学稳定性等，可替代金属材料制作耐磨部件等。它在电子电器、机械、交通运输、医疗等领域得到了广泛应用。然而，尽管尼龙有许多优点，但也存在一些缺陷，如不良的耐日光性，长时间暴露于阳光下可能导致织物变黄和强度下降；亲水性强、不耐高温、透明性差等，限制了其在一些特殊场合的应用。为了克服这些问题并赋予尼龙更多新的特性，人们通过引入新的合成单体，研发出一系列特种尼龙，涵盖高温尼龙、长碳链尼龙、透明尼龙、生物基尼龙和尼龙弹性体等类型，以满足不同的使用需求。

六 塑料的应用发展

20 世纪初，塑料进入了黄金时代，经过百年的发展，已经演变出数以百计的种类，触及了生产生活的各个方面。从 20 世纪 50 年代开始，塑料工业得到了迅猛发展，截至 2020 年，塑料年产量已超过 3.67 亿吨，标志着我们正生活在塑料时代。

塑料制品在各个领域都被广泛地应用。在包装行业，塑料被广泛用于食品、饮料、日用品、药品等商品的包装，其轻便、防潮、密封等特性，有助于延长商品的保质期，或保持商品的新鲜度等。在电子产品方面，塑料被广泛用于外壳、配件、线缆等产品，其绝缘性能和加工性能使其成为理想的电子产品材料，而其外观也可以通过注塑成型呈现多样的形状。医疗器械领域广泛采用塑料材料，如手术器械、医用袋、输液管等，得益于塑料的耐腐蚀性和易清洁性。在交通工具制造方面，塑料在汽车、飞机、火车等交通工具中扮演着关键角色。其轻质性能有助于降低交通工具的重量，提高燃油效率，同时在车身、内饰、零部件等方面也得到广泛应用。在服装和纺织品领域，塑料以各种合成纤维的形式存在，如聚酯纤维、尼龙纤维等，用它们制成的服装、鞋类、家居纺织品等，具备良好的弹性和耐磨性。在建筑领域，塑料应用广泛，如用于制造塑料门窗、水管、隔热材料等，其耐候性和抗腐蚀性使其在户外环境中表现出色。

　　然而，难以被消除分解的塑料过度使用正在给人类带来严重的威胁。曾经的时代宠儿"塑料袋"被戏称为 20 世纪人类"最糟糕的发明"。由于大多数塑料袋使用不可再生降解材料生产，其结构稳定，难以被天然微生物菌降解，因此在自然环境中长期存在，不分解。研究表明，一个塑料袋的完全降解需要 20 年，而一个矿泉水瓶的完全降解则需要耗时 450 年！塑料可通过多种途径进入水体、土壤和大气中（见图 1-1），对整个自然生态系统构成巨大威胁。例如，塑料袋对土地造成巨大危害，改变土地的酸碱度，严重污染土壤，影响农作物吸收养分和水分，导致农业减产，对土地的可持续利用带来极大的负面影响。焚烧塑料袋所产生的有害烟尘和有毒气体同样对大气环境造成污染。"白色污染"，已成为困扰人类可持续发展的重大障碍之一。

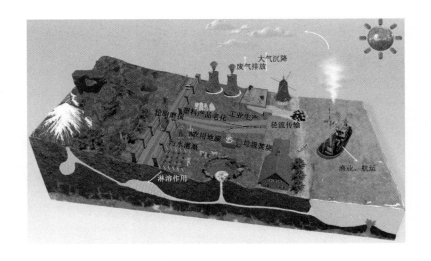

图 1-1　塑料在环境中的归趋

因此，塑料制品需要朝着更环保、更可持续的方向发展。近年来，科学家一直在不懈努力寻找环保、可持续的塑料替代品，为这个昔日辉煌的神奇材料赋予新的可持续未来。新材料，如生物塑料、可降解塑料和再生塑料，已经开始进入市场，为整个塑料行业带来了崭新的希望。根据欧洲生物塑料协会的定义，生物塑料（Bioplastic）是生物基塑料和生物降解塑料的综合称谓，只需满足"生物基"或者"可以生物降解"中的至少一个特性，即可被归类为生物塑料。这类塑料对化石燃料的需求较低，不含有毒物质如聚氯乙烯和邻苯二甲酸酯，具备可再生、可降解的特性，极大程度上减轻了对环境的污染和破坏，是传统塑料的重要替代选择。

这就是塑料的故事，一个从发现到无所不在的旅程。在塑料的发展历史中，这种革命性的材料经历了从实验室到全球范围被广泛应用的不可思议的转变。塑料的发展历程不仅改变了人类的生产和生活方式，也为科技和工业带来了深刻的变革。塑料的诞生源于对可替代材料的迫切需求，而它的应用范围的不断扩大则是科学家不懈探索和改进的结果。从最早的赛璐珞，到后来的聚乙烯、聚丙烯等多种类型的塑料，每一种新型塑料的开发都为社会带来了新的可能性。然而，随着塑料在全球范围内的大规模生产和使用，塑料污染问题也逐渐浮出水面。因此，如何在继续享受塑料带来便利的同时，减少对环境的负面影响成为一个迫切需要解决的全球性难题。人们一直在思考：如何让这个神奇的材料成为社会进步的助推器，而非负担。我们必须以可持续和负责任的方式使用和管理塑料，以确保它继续为我们的生活提供便利，同时减少对地球的污染。在现阶段，亟须发展科学和创新的解决方案，使塑料成为一个更可持续的材料。这个故事仍在继续，而我们每个人都将共同为它谱写新的篇章。

第二节　人与塑料之生死相依

当今社会，塑料和人类之间的关系，可谓是相爱相杀。人们在享受塑料带来便利的同时，也在承受着塑料污染对自然环境和人类健康的负面影响，如水土污染、慢性中毒、致癌风险等。如今，无论是在空气、水、土壤中，还是生活的方方面面，甚至是在我们的体内，都能发现塑料的身影。人类想要过上"零塑料"的生活，已经不是一件容易的事了。详细了解各种塑料的分类、用途、用量及废弃的现状，不仅能帮助我们科学地使用塑料制品，也有利于塑料的分类回收，达到人与塑料和谐发展的美好状态。

一　你不可不知的塑料分类

生活中，常见的塑料制品上面往往会印有一个三角形标识，三角形里的数字从 1 到 7 不等（见图 1-2），这就好比人的身份证，代表制成塑料的主要树脂原料规格。塑料制品能否用来装热水、热食物甚至加热，就要看这些数字所代表的内涵了。

图 1-2　塑料制品及其三角形标识中的不同数字

三角形标识中数字是"1"，代表聚对苯二甲酸乙二醇酯（PET）塑料，典型制品有饮料瓶、矿泉水瓶。这种塑料通常最高耐热温度为 65℃，最低耐冷温度为-20℃。所以，它一般只适用于装常温液体或者偏低温液体。如果盛装高温液体或者对其直接加热，则易发生热变形，产生对人体有害的物质。科学家发现，使用这种塑料制品超过 10 个月后，它可能释放出致癌物，对人体具有毒性。因此，三角形标识中数字是"1"的塑料瓶，用完应该立即进行垃圾分类丢掉，不可以继续用作水杯，也尽量不要当作储物容器盛装其他物品，以免引发健康问题，得不偿失。

三角形标识中数字是"2"，代表高密度聚乙烯（HDPE）塑料，常见制品有清洁用品、沐浴产品、白色药瓶、护肤产品的容器以及超市中使用的塑料袋等。HDPE 是一种结晶度高、非极性的热塑性树脂，虽然可以耐受 110℃高温，但长期使用可能析出有害物质，不建议当作盛水容器。

三角形标识中数字是"3"，代表聚氯乙烯（PVC）塑料，典型制品有一次性手套、劣质保鲜膜等。这种塑料可塑性好、价格便宜，但其对光和热的稳定性差，高温时容易产生有害物质，使用时千万不要让它受热。

三角形标识中数字是"4"，代表低密度聚乙烯（LDPE）塑料，典型制品有保鲜膜、密封袋等，能够耐受 90℃左右的温度，但在温度超过 110℃后可析出有害物质。如果用保鲜膜包裹食物直接加热，高温下，食物中的油脂很容易将保鲜膜中的有害物质溶解出来，对人体健康产生危害。因此，把食物放入微波炉前，最好先取掉包裹着的保鲜膜。

三角形标识中数字是"5"，代表聚丙烯（PP）塑料，典型制品有微波炉餐盒、奶瓶等，比较耐热，熔点高达167℃，可用于装热水、热食物，是所有塑料中唯一可用微波炉加热的材质，清理干净后可重复使用。

三角形标识中数字是"6"，代表聚苯乙烯（PS）塑料，典型制品有碗装泡面盒、快餐盒等，它既耐热又抗寒，但不能放进微波炉中，以免因温度过高而释出化学物，并且不能用于盛装强酸性物质和强碱性物质，因为会分解出对人体不好的聚苯乙烯，容易致癌。因此，我们最好不要用快餐盒打包滚烫的食物。

三角形标识中数字是"7"，代表其他塑料，这是被大量使用的一种材料，尤其多用于制造奶瓶、太空杯等，因为含有双酚A而备受争议。专家指出，理论上只要在制作的过程中，双酚A百分百转化成塑料结构，便表示制品完全没有双酚A，更谈不上释出。只是，若有少量双酚A没有转化成塑料结构，则可能会释出而进入食物或饮品中。若塑料制品中残留双酚A，则温度越高，释放越多，释放速度也越快。因此，在使用此种塑料容器时要用正确的方法存放和消毒，严格按说明书盛装食品。如果你的塑料水壶编号为"7"，使用时勿加热，勿在阳光下直射。如果塑料包装上没有任何数字，一般会当作"7"号。

上述代码是由美国塑料工业协会（Society of Plastics Industry，SPI）制定的塑料制品使用种类的代码。有了这些数字，让回收处理塑料品种的识别变得容易，回收成本得到了大幅度的削减。现今世界上的许多国家都在采用这套 SPI 标识方案。

塑料也可按制造过程所采用的合成树脂的性质来分类。一般可分为热塑性塑料和热固性塑料两大类。其中，热塑性塑料是由可以反复加热而仍保持可塑性的合成树脂制得的塑料。热塑性塑料加热即软化，并能成型加工，冷却即固化，可以多次成型，典型代表有聚乙烯（PE）、聚氯乙烯（PVC）等。热固性塑料在成型前是可熔、可塑的，而一经成型固化后，就变成不熔的了，不能进行多次成型，如酚醛塑料。按照不同用途，塑料又可分为通用塑料、工程塑料和特种塑料。通用塑料具有广泛的应用，是大宗生产的一类塑料，价格低廉，如聚乙烯（PE）、聚丙烯（PP）等。工程塑料具有较高的强度和耐磨性，适用于工程和工业领域，如聚酰胺（PA）、聚甲醛（POM）等。特种塑料具有通用塑料所不具有的特性，通常被用于特定场合以发挥其特性，如聚四氟乙烯（PTFE）、聚醚酯（PEK）等，广泛用于化工、电子、机械、汽车制造、航空、建筑、交通等工业行业。

二　认识微塑料

微塑料，通常指粒径小于 5 毫米（mm）的塑料颗粒，如今已成为国际社会高度关注的新型环境污染物，其大小可跨 5 个数量级，形状各异（如球体、碎片状、纤维状），成分复杂，包括高分子材料和化学混合物（残留单体、添加剂和疏水性有机污染物）。按来源来分，微塑料可分为初生微塑料和次生微塑料。初生微塑料是指在生产中被制成的微米级塑料颗粒，常用于工业制造、个人护理产品的生产等。次生微塑料一般是由大块塑料经物理、化学或生物过程不断分裂而形成的，如来源于洗衣机废水中的合成纤维，以及环境中的废旧农用地膜、塑料制品等垃圾。这些微小的颗粒极易被环境中的生物体吸收，进而可能通过食物链进入人体。随着研究的深入，越来越多的证据表明，微塑料可能对人体产生不利影响，包括潜在的炎症反应、内分泌干扰和细胞损伤。2016 年，联合国环境大会将海洋塑料垃圾和微塑料问题等同于气候变化等全球性重大环境问题。

微塑料问题之所以引起全球性关注，不仅因为它们的普遍存在，更因为它们所带来的健康风险尚未被完全揭示。目前，对微塑料的健康风险研究还处于起步阶段，科学家正在努力探索这些微小颗粒如何进入人体，它们在体内的分布情况，以及它们可能引起的健康问题。这些研究对于理解微塑料对人类健康的长远影响至关重要，关系到环境保护和公共卫生政策的制定。因此，全球各地的研究人员、政策制定者和公众都在密切关注微塑料研究的最新进展。

三　惊人的塑料使用量与废弃量

（一）使用量

在科学史上完全人工合成的塑料发明已有 120 余年的历史，工业史上塑料大规模生产也已有 60 多年。相关调查数据显示，全球塑料制品用量在 2021 年达到近 4 亿吨，这一数据相比 20 年前翻了一番。其中整个亚洲约占全球产量的 50%，北美占 18%，欧洲占 15%（见图 1-3）。若不减少人类对塑料使用的需求，按历史生产、使用、废弃的速度，到 2060 年，全球塑料制品年产量将达到 12 亿吨，接近目前的 3 倍。

据中国工业和信息化部网站消息，2022 年全国塑料制品行业产量为 7771.6 万吨。从区域分布来看，中国塑料制品产业主要集中在华东地区和华南地区。华东地区塑料制品产量为 3536.8 万吨，

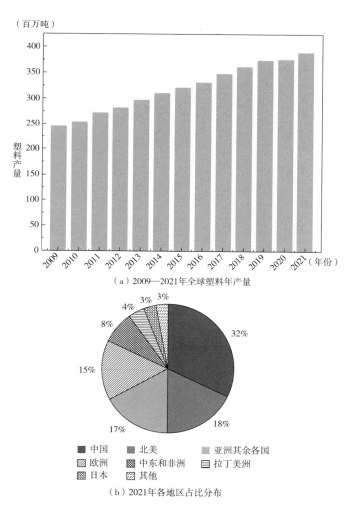

（a）2009—2021年全球塑料年产量

（b）2021年各地区占比分布

图 1-3　全球塑料产量及分布

图片来源：*Plastics—The Facts* 2022，2022，http：//plastics europe. org/knowl-edge-hub/plastics-the-facts-2022/.

占 45.5%；华南地区塑料制品产量为 1554.8 万吨，占 20%；华中地区、西南地区，塑料制品产量占比均超过 10%；华北地区、西北地区、东北地区塑料制品产量较小。

从塑料产品来看，2022 年中国塑料薄膜产量为 1538.3 万吨，占 19.8%。塑料薄膜是指厚度在 0.25 毫米（mm）以下的塑料片材或带材，是塑料制品中最大的品种之一。塑料薄膜具有轻薄、透明、柔韧、防潮、防氧、防腐等特点，广泛应用于农业覆盖、食品包装、医药卫生、日用化妆品、工业产品等领域。

日用塑料产量为 669.5 万吨，占 8.6%。日用塑料是指用于生活日常的塑料制品，主要包括塑料餐具、塑料水杯、塑料保鲜盒、塑料垃圾桶、塑料洗衣篮、塑料衣架等。日用塑料具有轻便、耐用、美观、易清洁等特点，是现代生活中不可缺少的一部分。

人造合成革产量为 304.2 万吨，占 3.9%。人造合成革是指用各种树脂和纤维材料制成的具有皮革特性的材料，具有轻质、耐磨、防水、透气等特点，广泛应用于服装、鞋帽、箱包、家具、汽车内饰等领域。

泡沫塑料产量为 247.1 万吨，占 3.2%。泡沫塑料是指在塑料中加入发泡剂或采用物理发泡方法使其形成多孔结构的塑料制品，具有轻质、隔热、隔音、缓冲、吸震等特点，广泛应用于建筑、包装、运输、家电等领域。

其他塑料产量为 5012.5 万吨，占 64.5%。

（二）废弃量

全球废弃塑料产生量触目惊心。塑料产品在经过一定期限的使用后，会因为老化、磨损、破裂等原因导致使用寿命终结，成为废弃塑料。联合国环境规划署 2021 年发布的报告显示，1950—2017 年，全球累计生产约 92 亿吨塑料，其中塑料回收利用率不足 10%，约有 70 亿吨成为塑料垃圾。Minderoo 基金会 2023 年公布的塑料废弃物制造商指数（PWMI）报告显示，2021 年全球共产生 1.39 亿吨一次性塑料垃圾。根据《中国塑料污染治理理念与实践》报告，2020 年中国塑料使用量为9087.7 万吨，塑料废弃物年产生量超过 6000 万吨。根据中国物资再生协会再生塑料分会统计，2022 年中国产生废弃塑料 6300 万吨，其中回收量仅有 1890 万吨，占 30%。近年来，快递、电商产生的塑料垃圾问题不断凸显。海洋倡导组织（Oceana）的最新报告显示，亚马逊公司的塑料足迹在 2020—2021 年增加了 18%，亚马逊公司共制造了 32.1 万吨的包装垃圾，主要以塑料气枕的形式出现。《外卖业包装塑料环境影响及回收循环研究报告（2021）》显示，中国主流互联网外卖平台消耗的塑料从 2015 年的 5.7 万吨增长到 2020 年的 57.4 万吨，五年增长 9 倍。

四 废弃塑料何去何从

由于塑料化学结构稳定，难以自然降解，其不当使用和处置以及多年的累积效应造成了严重的环境污染和极大的资源浪费，引起全社会高度关注。特别是塑料快餐盒、塑料包装袋和农业塑料薄膜等一次性塑料制品，其使用量大、面广，使用周期短，废弃后大部分与生活垃圾或土壤混合，回收难度大，严重污染土壤、高山、海洋等，导致城市"垃圾围城"、珠穆朗玛峰成为"海拔最高的垃圾场"等环境污染事件。部分难回收废弃塑料在焚烧处理过程中释放大量有毒气体，产生大量粉尘和烟雾，严重污染大气环境，引起雾霾。同时，中国石油资源匮乏，2018 年对外依赖度超过 70%，进口石油约 1/3 用于合成塑料制品。废弃塑料如不能循环回收利用，是对石油、煤和天然气等不可再生资源的巨大浪费。

废弃塑料种类繁多，我们首先要对其进行分类收集和运输，以便于后续的处理和再利用。根据不同的材料和性质，废弃塑料可以分为可回收塑料和不可回收塑料。可回收塑料包括聚乙烯（PE）、聚丙烯（PP）、聚氯乙烯（PVC）等；不可回收塑料包括聚苯乙烯（PS）塑料等。另外，还有一些有毒、有害的塑料废弃物，如聚氯乙烯（PVC）塑料袋、聚苯乙烯（PS）泡沫等。废弃塑料是"放错地方的资源"，极具回收利用价值。通过对废弃塑料进行有效的处理处置，尤其是回收利用，可以有效地解决塑料污染难题。

废弃塑料常见的处理方式有填埋、焚烧、再生造粒和化学回收。其中，填埋作为一种简单直接的物理处理方式，在一定程度上能够解决垃圾堆积问题，但填埋处理无法实现废弃塑料的资源化再利用，易导致资源浪费，且填埋场需要大量的土地资源，填埋后的土地难以恢复原状，塑料废弃物在填埋场内还可能泄漏到地下水和土壤中，影响生态环境。焚烧是目前主流的塑料垃圾处理方法，据统计，每年全球有约19%的塑料垃圾被焚烧。由于塑料是从石油、天然气中提炼出来的，主要为碳氢化合物，燃烧时产生大量的热能，可用于发电或为企业提供能量。以德国为例，该国每年有20万吨的PVC垃圾，其中30%在焚化炉里燃烧。德国的焚化炉空气污染净化标准虽然已属于世界公认的高标准，但仍然不能保证焚烧方法不会因机械故障放出有害物质。再生造粒是对塑料垃圾的一种物理回收，将废旧塑料制品通过分选、清洗、破碎、改性等流程，加工成再生塑料颗粒。其优势在于，能够将废弃塑料转化为可再利用的资源，降低废弃物对环境的影响。同时，其物理处理过程相对简单，成本较低，有利于推广和应用。然而，再生造粒方法也存在一定的局限性，如能耗较高、对废弃塑料的种类有一定要求等。废弃塑料化学回收是指利用固体废弃物中有机物的热不稳定性，将其置于热解反应器内受热分解的过程，主流技术包括热解、催化裂解、溶剂回收等。这种方法可以回收部分化学原料，但可能产生有毒有害气体。此外，化学回收方法的成本较高，能耗较大。

总的来看，废弃塑料回收利用普遍面临一些难点和痛点问题。一是塑料制品的不可回收性设计问题。塑料制品需要将设计思想与商业模式完美融合，符合可回收性设计理念。但在现实生活中，不可回收性设计非常普遍，没有经过可回收性设计的产品，都是非常难回收的。再加上许多制品是由不同种类的塑料组成的，要把它们分离几乎不可能，所以部分废弃塑料的再生利用面临技术挑战。二是回收体系不健全，高值化利用存在瓶颈。一些软塑包装体积小、质量轻，对这些塑料制品进行回收需要付出大量的时间、人工等经济成本，而获得的经济收益却很少，导致软塑的回收利用未被市场化回收体系看好和接受。因此，废弃软塑价值仍有待挖掘。三是垃圾分类和废旧物资循环利用体系建设尚不完善。缺乏全国统一的分类标准和分类目录，各地分类标准差异较大。全国大部分地方未出台支撑低值可回收物（包括塑料）的专门政策，仅靠市场力量难以驱动，低值可回收物回收网点建设举步维艰。

五　公众的觉醒

公众是塑料制品的主要消费群体，但目前在中国公众对塑料软包装的可回收性认知仍然普遍较低，垃圾分类过程中不知道该如何对待塑料袋。"塑料属于可回收物，可为什么塑料袋却要扔进其他垃圾桶？"老百姓对此一头雾水。

买菜、买水果、包装外卖食品等使用的塑料袋，一般较薄，不属于可回收物，要扔进其他垃圾桶里。用来装垃圾的或是已经被油等其他物质沾染了的塑料垃圾袋，也要扔进其他垃圾桶里。塑料袋本身较厚，袋子上又写明了属于可回收物或再生资源，且没有被其他物质沾染过的，就可以扔进可回收物垃圾桶里。

我们呼吁，在商场、写字楼、社区等人流量大的重点区域，通过播放视频、张贴海报、开展线上线下分类回收体验活动等丰富多彩的宣传形式，向公众普及塑料废弃物分类回收知识，推动提升公众参与的积极性，引导公众逐步形成主动分类的绿色风尚。

行为习惯的养成，是由人的认知决定的。一个值得深入思考的问题是，我们似乎并不知道塑料垃圾袋或塑料包装袋的丢弃有什么问题或带来什么样的伤害。是时候让公众了解塑料污染的真相了！

第三节　地球的塑料之殇

蓝色地球 or 塑料星球？美国《国家地理》杂志 2018 年 6 月画风突变，封面用了一张有关塑料污染、令人触目惊心的图片！这张图片成为此杂志跨时代的封面（见图 1-4），描绘了一幅人类将要共同面对的令人心碎的未来。世界依旧热衷于使用一次性塑料，但塑料垃圾已无处不在，它们破坏美景，危害土地，污染海洋，害死动植物，危及人类。

图 1-4 2018 年 6 月发行的美国《国家地理》杂志封面

塑料污染导致的环境问题和对人类健康的危害更是不容小觑。据估计，全球每年有约 800 万吨的塑料垃圾流入海洋，如今已经产生了北太平洋、南太平洋、北大西洋、南大西洋和印度洋五大环流塑料垃圾带，其中最大的太平洋垃圾带已经变成了一座和欧洲一样大的"垃圾岛"。2016 年上映的纪录片《塑料海洋》中，摄制组探访了北极的冰川、无人涉足的原始岛屿、太平洋最深处的马里亚纳海沟，到处都有塑料的痕迹；每年上百万只海鸟、10 余万头海洋哺乳动物、难以计数的鱼类由于误食塑料垃圾或被捆缚等原因死亡。为此，科学家连续在国际顶级期刊《科学》上发文，呼吁关注海洋塑料污染问题，全球行动起来开展大洋垃圾带清理。

一　塑料的全球之旅

从陆地到海洋，从高山到河流，从大气到土地，从环境到人体，一片小小的塑料，开启了它那不可一世的全球之旅（见图 1-5）。

图 1-5　塑料在全球各介质中的迁移

（一）海洋中的塑料

微塑料可以通过大气去海洋里"旅行"，这个过程叫作大气传输。有研究说，大气中的微塑料主要是小碎片或细纤维，大部分尺寸还不到 0.5 毫米。中国在西太平洋开展的一个研究发现，微塑料真的能从大气掉到海洋里，甚至偏远的海域也不能幸免。他们还估计了一下，每年有多达 687.9 吨的微塑料通过这种方式进入海洋呢！另外，还有人对中国南海西北方位的大气进行了研究，发现每立方米有 0.035 个微塑料。他们还猜测，这些微塑料可能是从中国东南部"飘"到南海的。再有，有人测了测亚洲和它旁边的太平洋、印度洋的大气，发现微塑料含量也不少。他们用模型一算，亚洲每年大概有 3900 吨的微塑料会通过大气传输到海洋里。这些研究表明，大气传输和沉降确实会影响海洋里的微塑料浓度。但这个领域的研究还不多，我们还需要更多的实验和实地测量数据来真正地搞清楚微塑料在全球是怎么循环的。

其实，早在 1972 年，科学家就在马尾藻海（Sargasso Sea）中发现了大量的塑料碎片，但当时人们还没意识到微塑料的问题。直到 21 世纪，人们才开始真正关注到微塑料在海洋环境中的存在。研究显示，微塑料在海洋生态系统几乎无处不在，甚至在极地、深海和远海岛屿也能找到它们的踪迹。在中国近海,不同海域的微塑料含量也有所不同。比如,渤海、黄海、东海和南海的微塑料含量分别是每平方米约 0.33 个、0.13 个、0.17 个和 0.47 个。这些微塑料的材质也不同,比如渤海、黄海和东海主要是聚乙烯、聚丙烯和聚苯乙烯,而南海主要是聚对苯二甲酸乙二醇酯。在中国近海,微塑料污染以纤维为主,尤其是在南黄海,这种形状的微塑料比例甚至超过了 40%。这些微塑料以白色或透明的为主,粒径介于 0.5 毫米和 1.0 毫米。长江口和珠江口是人们活动十分频繁的河口海域,所以这里的微塑料污染问题特别突出。长江口的微塑料含量比东海其他地方高得多,达到了每平方米约 4137 个。珠江口的微塑料含量更是高得惊人,达到了每平方米约 8902 个,而黄河口的含量最低。在滨海地区,人类的活动也会影响海湾区域微塑料的浓度。比如,厦门近海、香港近海和胶州湾海水中的微塑料含量都比其他地方高得多。在象山港和杭州湾,微塑料的主要成分是聚乙烯、聚苯乙烯和聚丙烯,而在胶州湾,聚对苯二甲酸乙二醇酯占的比例竟然高达 56.3%。

(二)淡水中的塑料

淡水世界也被微塑料严重侵袭了!这可不是小事,它像是敲响了警钟，告诉人们要加强对淡水生态系统中微塑料污染的关注。北美的五大湖，大名鼎鼎的风景名胜区，是很多科学家研究微塑料污染的焦点地区。那里的微塑料污染程度和浩瀚的海洋环流区域的污染程度不相上下。五大湖的表层水每平方米有 0.04 个微塑料，甚至比南太平洋环流区域还多，和北大西洋环流差不多，但比北太平洋环流少一些。这些微塑料和海拔高低还有关系呢！一般来说，海拔越高的地方，人类活动尤其是农业活动越少，那里的微塑料自然也就少了。而在青藏高原，这片被誉为"世界屋脊"的圣地，科学家也发现了微塑料的踪迹。这些微小的塑料颗粒，像是一个个隐形的"小恶魔"，无处不在。更让人惊讶的是，这些微塑料还有各种形状和大小。最常见的是纤维形状，它们的大小主要集中在 100—500 微米（μm），像是被微缩的塑料绳。在青藏高原这片神秘的土地上，微塑料的来源可是五花八门。首先，生活污水的排放就像是给这片纯净之地扔了一颗"微塑料炸弹"。那些旅游景区呢，也成了微塑料的"重灾区"，游客多了，产生的垃圾也就多了。除了这些人为因素，在青藏高原西南地区，农业活动也是微塑料的一大"贡献者"。想想看，农田里用的那些塑料薄膜，很容易就被风吹日晒成微小的塑料颗粒。更让人惊讶的是，大气传输也给这里带来了不少的微塑料。它们随着风儿飘荡，最后落在了这片圣洁之地。最后，根据 InVEST 模型估算，雅鲁藏布江每年竟然会排放出 994.6 吨的微塑料！这可真是个惊人的数字啊！

城市里的污水处理厂、雨水管网和其他排放源，都是塑料垃圾的主要来源。这些塑料垃圾随着河水流进海洋，对海洋环境造成威胁。以旧金山湾为例，每年大约有 5600 万个微塑料颗粒从污水处理厂排入海中，导致每平方千米海面上的微塑料高达几万个甚至几百万个。在美国，人们通过个人护理用品等途径，向海洋排放大量的微塑料，平均每人每年超过 263 吨。而城市雨水管网也是一个重要通道，如汽车行驶过程中轮胎磨损产生的微塑料颗粒不断地向环境中释放，最终会随着雨水进入排水系统，然后流入江河，最终到达海洋。

（三）影响塑料迁移的人为因素

关于有多少塑料垃圾流入海洋，科学家一直在研究。他们考虑了很多因素，如沿海国家的人口密度、人们每天丢弃的塑料垃圾的比例，以及垃圾如何被处理等。根据他们的估算，2010 年全球 192 个沿海国家或地区的塑料垃圾总量达到了 2.75 亿吨，其中 480 万—1270 万吨被排放到了海洋里。科学家还用了不同的模型和方法来估算有多少塑料垃圾通过河流进入海洋。

一种模型考虑了垃圾管理、人口密度和水文数据，估算出每年有 115 万—241 万吨的塑料垃圾通过河流进入海洋。另一种模型则以人类发展指数为基础，得出的结论是每年只有 26.5 万—57 万吨的塑料垃圾通过河流进入海洋，这个数字只有前一个模型预测值的 1/10。这意味着，尽管不同研究的结论有所不同，但确实有很大一部分塑料垃圾和微塑料是通过河流进入海洋的。

海洋渔业活动中产生的塑料废弃物也是海洋污染的一个重要来源。在捕鱼、休闲渔业和水产养殖的过程中，由于各种原因，如环境因素、生物降解和使用损耗，会产生微塑料并使其进入海洋，造成污染。与渔业相关的塑料垃圾有很多种，如渔网、浮标、鱼线等渔具，还有诱饵箱、冷藏箱、转运箱等与渔业有关的物料。特别值得注意的是，那些被遗弃、丢失或以其他方式丢失的渔具，已经成为全球海洋生态和渔业面临的最大威胁。据估计，每年有 20% 的渔具因为事故、恶劣天气或者故意丢弃等原因被带到了海洋里。在欧洲海域，每年有超过 1.1 万吨的废弃渔具被排放到海洋中。最近的研究也证实，渔业活动产生的塑料垃圾对海洋和其他环境都产生了严重的影响。

人类的日常活动对那些超小的塑料颗粒在水体中的"旅行"影响是很大的。据专家估计，海洋里那些微小的塑料颗粒，有

80%是从陆地来的。这些微塑料可能因为生产、使用和处理过程中一些人类对环境不太友好的行为，如制造、使用塑料制品后随意丢弃，通过河流、污水和风，悄悄地"溜"进我们的环境里。并且，垃圾填埋场的"废水"也可能把它们带进河流系统。有研究观察了洛杉矶附近的两条河流，发现它们三天内竟然能带着20亿个塑料颗粒冲进海洋！在污水处理厂下游的河里，微塑料的浓度也明显变高了。在中国，上海市的污水处理厂污水中也含有大量的微塑料，含量高达每立方米约5.2万个。看来污水处理厂也是它们"旅行"的"帮凶"。更厉害的是，极端天气如风暴，能让陆地上的塑料碎片飞到海洋里。所以，气候变化对微塑料污染的影响，真的不容小觑。

（四）塑料自身对其迁移的影响

微塑料自身的特性，决定了它们在水体环境中的旅行和变形。它们通常比较轻，喜欢漂浮在河流、海洋的表面。但它们也有一个大特点，就是拥有超大的表面积，这让它们很容易和浮游植物、有机碎屑等打交道。频繁的互动让它们的密度变大，然后就沉下去了。举个例子，你知道北大西洋环流吗？那里的次表层，也就是海水下面一点的地方，0.5—1毫米的微塑料比海面上还要多呢！还有，科学家在东印度洋和西太平洋从表层到 4000 米深的水下都取了样品，发现微塑料的数量随着水深像坐滑梯一样快速减少。在西爱尔兰的陆架区，那里的水体也受到了微塑料的污染，而且 66% 的微塑料都出现在水—沉积物的交界处。看来，无论是水还是沉积物，微塑料都喜欢待在它们里面。而且，随着取样的深度增加，微塑料的粒径就像气球一样变小了。这可能是因为水动力、生物黏附力或者是它们自己的特性造成的。有研究还发现，生物可能会附着在微塑料上，这样会让微塑料的表面积增大，加速小粒径的微塑料下沉。他们还发现，纤维状的微塑料比球状的更容易被生物附着。不过，关于微塑料在水中的"旅行"机制，我们还有很多不明白的地方，尤其是不同大小的微塑料在垂直方向上的分布特征。只有了解这些，我们才能准确预测和监控这些"小小旅行者"。

二　塑料对生物的危害

（一）繁殖

微塑料可不是简单的"小小旅行者"，它们对生物的危害不容小觑。研究告诉我们，暴露在微塑料的环境中，生物受到的危害会"代代相传"。像大型蚤、端足虫和海岛哲水蚤，如果遇到聚乙烯（PE）和聚苯乙烯（PS）的微塑料，它们的后代数量会明显减少。而牡蛎在 PS 微塑料的环境里待两个月后，繁殖力和子代的发育能力都会大打折扣。它们的卵母细胞数量变少了，体积也小了，连精子速度都变慢了，导致幼体牡蛎的发育也受到了影响。还有那些微小的日本虎斑猛水蚤，暴露在 PS 微塑料中后，它们从无节幼体发育成桡足类和成体的时间变长了，而且两代产生的无节幼体数量也减少了。这可能意味着，它们得把能量从原本的生殖转向了摄食和生存。这些还只是开始呢！有些微塑料上还附着了一些有毒物质，如内分泌干扰物和金属。这些物质可能对生物的生殖系统造成严重影响。比如蜗牛和日本青鳉，它们在接触了这些有毒的微塑料后，生殖结构都发生了变化。日本青鳉的发育相关的基因表达量也降低了。还有褐贻贝，暴露在老化的 PE 微塑料中会导致它们幼体发育异常，死亡率也变高了。这些变化不仅影响了个体的生存和繁殖，还可能影响到整个生物群落和生态系统。

（二）能量储备和生长

有些生物为了应对微塑料的负面影响，"想"出了独特的应对策略。蛤仔和紫贻贝就是好例子，当有食物存在时，它们会减少摄食活动和增加假粪排放来应对 PS 微塑料的"捣乱"。同样，桡足类暴露于 PS 微塑料后，吃藻类的量减少了，时间一久能量都快耗尽了。而普通虾虎鱼幼鱼在 PE 微塑料的"骚扰"

下，捕食能力和效率都降低了，导致食物摄入量减少。不过，米尼奥河口的那群虾虎鱼幼鱼倒是挺"顽强"，它们的摄食效率不受影响。看来，不同水域的生物对微塑料的敏感度相差很大。微塑料还让一些生物"瘦身"了，如 PS 微塑料和 PE 微塑料让大型蚤和端足虫体型变小。另外，微塑料在藻类表面"安家"，让海洋微藻的光合作用和生长都受到了影响。长牡蛎为了补偿非营养物质的摄入，努力增加摄食率，以便能多吃到点微藻。微塑料的形状也影响生物体对微塑料的排出时间和发育状况。有些端足类在接触微塑料纤维后，虽然努力排出微塑料，但食物同化效率还是降低了。大型蚤遇到初级和次级 PE 微塑料后，对藻类摄入也减少了。看来，微塑料对生物的影响真是五花八门！

（三）免疫功能

微塑料对水生动物的影响不只是繁殖和发育。最近的研究发现，水生动物在摄入微塑料后，免疫功能也可能发生变化。比如，Cyprinodon Variegatus 在接触到 PE 微球或碎片后，一些与免疫相关的基因表达量增加了。而欧洲鲈鱼和金头鲷在遇到聚氯乙烯（PVC）微塑料和 PE 微塑料后，它们的头肾白细胞吞噬能力降低了，但呼吸爆发活性增强了。海洋无脊椎动物在摄取微塑料后也有类似的免疫反应。比如，紫贻贝在接触原始低密度 PE 颗粒和苯并（a）芘包覆的低密度 PE 颗粒后，它们的免疫应答就表现出来了，溶酶体膜稳定性和吞噬作用都降低了。而贻贝和紫贻贝在遇到 PS 微球后，鳃中的溶菌酶相关基因表达量也增加了。更厉害的是，紫贻贝在暴露于 PE 微球后，外套膜中与免疫相关的各种基因表达水平都升高了，这意味着它们在努力对抗这些塑料入侵者。

（四）营养级传递

微塑料无处不在，已经悄悄地出现在 220 多种野生动物的身体里啦！科学家发现，这些小家伙们还会把微塑料传递给其他动物。在淡水世界里，24 纳米的 PS 颗粒可以从藻类"跳"到浮游动物身上，然后再转移到几种鱼类体内。大西洋鲭鱼和灰海豹之间也可以发生微塑料传递。微塑料在生物体组织和肠道里的停留时间会影响它们的传递。在岸蟹吃了含有 PS 微塑料的贻贝后，21 天内人们都能在它的血淋巴里找到微塑料。微塑料在不同器官里的停留时间不一样，但都比在血淋巴里停留的时间短。另外，10 微米和 0.5 微米的 PS 微球在无脊椎动物血淋巴里可以待上 48 天和 21 天。这告诉我们，微塑料在不同器官之间的转移和停留时间与微塑料聚合物的成分或大小有关。摄取途径和微塑料的形状也会影响它在动物体内的停留时间。比如，螃蟹通过鳃摄入的微塑料停留时间更长。而螃蟹和龙虾吃了纤维状微塑料后，肠道里的微塑料会聚集在一起，加速排出。微塑料在生物体内待久了，就有机会被更高级的动物吃掉，开启在食物链中的"旅行"。

（五）次生危害

微塑料不仅自身有潜在的毒性，还能像磁铁一样吸附重金属和有毒化学物质，给吃掉它的生物带来双重打击。在日本海岸线发现的聚丙烯（PP）颗粒上，多氯联苯的浓度竟然比周围海水高出 106 倍。这真是一个"毒素仓库"啊。而且，这些微塑料释放出的沥滤液对海洋生物来说可是致命的毒药。研究发现，聚氯乙烯（PVC）和环氧树脂的沥滤液都能让水蚤"喝"得半死不活。更让人惊讶的是，贻贝胚胎对不同来源的聚丙烯（PP）颗粒沥滤液的反应也不同。从沙滩上收集的那些颗粒，可能是因为吸附了环境中的有毒物质，所以毒性特别大。

三　微塑料对人类健康的危害

（一）微塑料对人体的肠道毒性

肠道是我们身体里的食物"粉碎机"，既长又神奇。它从胃的出口一路走来，消化我们吃进去的食物，让身体吸收营养，排出废物。小肠可不止一个部分，它有十二指肠、空肠和回肠三个"小伙伴"。而大肠有盲肠、升结肠、结肠右曲、横结肠、结肠左曲、降结肠、乙状结肠和直肠这些"小伙伴"。肠道就像一个超级大市场，各种细胞在里面忙碌着。有吸收营养的肠上皮细胞，还有像卫士一样的巨噬细胞，还有能产生激素的肠内分泌细胞，还有分泌黏液的杯状细胞和产生抗菌肽的板状细胞。最后，还有一个特别重要的潘氏细胞，它能帮我们抵抗病菌的入侵。肠道最外层的肠上皮，就像一道坚固的城墙，守护着我们的身体，是我们的物理屏障。

　　然而，微塑料会残忍地侵犯我们的肠道！研究发现，微塑料会对我们的肠道上皮细胞造成影响，让它们变形。想象一下，如果我们的肠道上皮细胞变形了，那肠道的屏障功能就可能受损。蚯蚓试验表明，当它们暴露在微塑料中，肠细胞会变大，细胞核也变得不规则。而那些维持肠道上皮细胞完整的复合体及紧密连接蛋白，它们的作用更是关键。体外研究中，科学家发现微塑料还会干扰肠道细胞的正常生长和增殖。想象一下，如果肠道细胞不能正常生长和增殖，那肠道的功能就会受到影响。有些纳米级的微塑料甚至能在短短 4 小时内让肠道细胞凋亡。更糟糕的是，这些微塑料还会影响肠道上皮细胞间的紧密连接和黏附连接，这可能进一步损伤肠道上皮的屏障功能。所以，微塑料就像肠道里的"捣蛋鬼"，破坏着我们的肠道健康。

微塑料对肠道细胞的影响跟它们的浓度、大小和表面化学性质都息息相关。科学家比较了 0.1 微米（μm）和 5 微米的 PS 微塑料，发现它们都能破坏 Caco-2 细胞的线粒体膜电位，但 5 微米的 PS 微塑料更厉害。另外，0.1 微米和 5 微米的 PS 微塑料在不同浓度下，分别以不同的方式抑制了 ATP-binding 转运蛋白的活性，还增加了重金属砷对肠上皮细胞的细胞毒性。PS 微塑料还会干扰参与调节细胞炎症和增殖的通路的正常激活，这可是个大问题。在体外肠道细胞模型研究中，科学家发现粒径在细胞对微/纳粒子的摄取过程中起着非常重要的作用。比如，细胞对 50 纳米（nm）的微塑料摄取率高达 7.8%，而 100 纳米的微塑料在浓度高达 250 毫克/毫升（mg/mL）的时候才会被细胞摄取。而且，微塑料的表面性质对细胞的影响也很大。研究发现，50 纳米的 PS 微塑料在 Caco-2/HT-29-MTX 中共培养 24 小时后，羧基修饰的 PS 的转运效率最高，未做任何修饰的原始粒子次之，氨基功能化的 PS 转运效率最低。

人体肠道里除肠道细胞之外，还有一群勇敢的免疫细胞，它们包括 T 细胞、B 细胞、树突状细胞和巨噬细胞。这些细胞就像守护天使，时刻准备应对任何威胁。它们是人体肠道的第二道防线，与免疫细胞一起，共同守护我们的肠道安全。然而，微塑料也可能突破肠道的第二道防线。科学家发现，当斑马鱼跟 500 微克/升（μg/L）的 PS 微塑料亲密接触 21 天后，PS 塑料粒子改变了 M1 巨噬细胞和 T 细胞的比例，甚至还影响了 B 细胞的去向。另外，不同形状的 PS 微塑料，无论是纤维、碎片还是微球，都能让斑马鱼的肠道黏膜受伤、肠道变得"通透"以及引发炎症。还有研究让雄性小鼠跟 5 微米的荧光标记的 PS 微塑料粒子一起生活了 6 周。结果发现，小鼠肠道里有了 PS 微塑料的"常住人口"，而且肠道黏液的分泌减少了。这说明，PS 微塑料让小鼠的肠道免疫屏障撕开了一个口子。这些研究告诉我们，微塑料可能是通过影响肠道里的免疫细胞来破坏免疫系统的。

肠道的守护者可不止免疫细胞这一队"兵马"，还有一群看不见的微生物"小伙伴"在默默奉献。它们和免疫屏障中的黏液等物质互动，一起为我们的肠道健康保驾护航。这些肠道微生物"小伙伴"可是个顶个的能手，在宿主的健康舞台上扮演着至关重要的角色。它们要是闹起了脾气，跟肠道说拜拜，那可就大事不妙了。比如，肠道微生物群失调就跟糖尿病、心血管疾病、结肠癌等病魔有着千丝万缕的联系。然而，微塑料也没有放过我们的忠实的微生物"小伙伴"。研究发现，微塑料对肠道菌群会产生毒性作用。微塑料可以影响肠道微生物群的多样性和组成。将念珠菌暴露于 PE 微塑料中 28 天后，结果发现肠道微生物群落的结构发生了显著变化，肠道细菌显著减少。将虾暴露于 PS 微塑料中 7 天后，发现虾的肠道细胞的大小、细胞粒度和肠道菌群活力均大于对照组。中华绒螯蟹在 PS 微塑料中暴露 21 天后，肠道中厚壁菌门和拟杆菌门的丰度下降，而梭杆菌门和变形菌门的丰度增加。采用 PS 微塑料给小鼠连续灌胃 5 周后，发现小鼠肠道菌落失调并且发生了炎症反应，6 周后，肠道中厚壁菌门和变形菌门的相对丰度下降，而放线菌在门水平上的丰度显著降低。这可能会引起小鼠肠道菌群紊乱和肝脏脂质代谢紊乱。

（二）微塑料的肺毒性

微塑料除被我们吃进去，还可能通过呼吸进入我们的身体。我们每一次呼吸，都可能吸进了一些小小的塑料颗粒。科学家已经在人的肺里发现了塑料纤维。微塑料进入肺部后，可能会对我们的肺部组织产生毒性作用。有研究显示，当人肺上皮细胞暴露于 PS 微塑料中，微塑料会使细胞活力下降、细胞周期停滞、炎症基因转录被激活，还会改变细胞周期和促凋亡相关蛋白的表达。而且，暴露的浓度越高，这些效应就越明显。这意味着，微塑料真的可能会对人体呼吸系统造成一定的损伤和功能障碍。还有研究显示，PS 微塑料对人正常肺上皮细胞具有细胞毒性和炎症效应，可能导致慢性阻塞性肺疾病的发生。即使是低浓度的 PS 微塑料，也可能破坏肺的保护性屏障，增加肺部疾病的风险。微塑料可能会导致人体肺部发生炎症反应。虽然目前的研究已经证实微塑料对肺具有潜在的毒性作用，但几乎所有的研究都采用球形的微塑料。而在大气中最常见的微塑料是纤维状。所以，为了更真实地了解微塑料暴露与其肺毒性之间的关系，科学家还需要进一步研究。

（三）微塑料的免疫毒性

免疫系统作为我们身体的"保安队"，时刻保护我们不受外来物质的侵袭，所以外来的微塑料颗粒往往会和这个"保安队"发生激烈冲突。这个"保安队"里有很多成员，如淋巴器官、细胞、体液因子和细胞因子，它们一起合作，保护我们的身体。而巨噬细胞，可以说是这个"保安队"里的重要成员。它们对不同的病原体有不同的应对方式，对于保持我们身体的健康起着关键作用。但这些微塑料粒子，可能会让这个"保安队"变得不再团结。有研究发现，氨基功能化的 PS 微塑料对巨噬细胞是有毒的，会让细胞内产生过多的活性氧、增加游离钙水平、降低吞噬能力，还会让线粒体和细胞内的能量平衡产生问题。PP 微塑料还会刺激我们的免疫细胞，让它们分泌更多的细胞因子和组胺，可能导致过敏反应和免疫细胞"罢工"，这就好比我们的"保安队"失去了重要的队员。微塑料还会影响免疫细胞的表面受体，让它无法正常工作，这就像给"保安队"的队员穿上了"束缚服"，让它们行动不便。此外，微塑料还会影响白细胞介素的分泌，这可是"保安队"用来传递信息、共同作战的重要"通信工具"，如果被干扰了，整个"保安队"的协同作战能力可就大大减弱了。虽然现在的研究已经发现微塑料可能会影响我们的免疫功能，但具体是怎么影响的、影响有多大，还需要更多的研究来告诉我们。

（四）微塑料的神经毒性

据报道，微塑料可能会引起神经毒性，导致神经元损伤，甚至可能引起神经退行性疾病。有研究显示，微塑料与神经细胞"打交道"后，可能会让神经细胞发生氧化应激，或者让细胞释放炎症因子，给神经元带来损伤。一些经过特殊修饰的塑料颗粒，如经羧基和聚乙二醇修饰的尺寸在 45—70 纳米的 PS 微塑料会对神经细胞产生毒性效应，这种效应的强弱与细胞的类型和塑料颗粒的暴露浓度有关。更让人惊讶的是，微塑料还能穿透血脑屏障。想象一下，血脑屏障就像我们大脑的"保护盾"，但现在这个"保护盾"却被这些小塑料给攻破了，后果该是多么可怕啊！这些研究结果都表明，塑料颗粒可能会产生神经毒性，增加神经退行性疾病的发生。

（五）微塑料的生殖和遗传毒性

关于微塑料的生殖毒性，目前的研究证据还不是很多。但科学家已经发现，这些小碎片对生态环境中的生物还是有一定影响的。比如，当母代水蚤被暴露在一定浓度的 PS-NP 中，这些塑料颗粒会通过繁殖传递给下一代，甚至影响第二代的繁殖能力。还有研究显示，微塑料会在海洋青鳉的鳃、肠和肝脏中积累，而且还会延迟它们的性腺成熟时间，降低雌鱼的繁殖能力。此外，微塑料还会影响牡蛎的生殖。研究发现，尺寸为 2 微米和 6 微米的 PS 微塑料暴露可以显著降低牡蛎卵母细胞的数量、直径和精子的移动速度。并且，与对照组相比，暴露于微塑料的牡蛎后代的幼虫产量和幼虫发育速度分别下降了41%和18%。还有研究发现，一些微塑料可以在线虫的性腺中积累。

而微塑料的组织积累会导致海鞘幼鱼的变态减慢，海鞘发育发生改变。这些研究都表明，摄入微塑料可能会对生物体产生生殖毒性和遗传毒性，对生态系统中生物的多样性产生不利影响。

（六）微塑料对血液成分的影响

微塑料还能进入我们的血管。多项研究发现，在人类的血液样品中检测到了微塑料颗粒，平均浓度达到了 1.6 微克/毫升（$\mu g/mL$）。这就意味着，这些小塑料真的有可能在我们的血管里 "安家"。而且，科学家还发现，微塑料可能会与血液中的红细胞发生反应。有些微塑料颗粒能让红细胞变形，甚至导致红细胞破裂，这可能会引起溶血。还有一些微塑料颗粒能让红细胞聚集在一起，这可能会让血液循环出问题，甚至引起循环系统疾病。令人惊讶的是，有些白蛋白居然能抑制微塑料粒子的溶血活性，这可真是个 "救星"！不过这些研究结果都表明，进入我们血管的微塑料可能会对血液中的红细胞和血管内皮细胞等成分产生不良影响。所以，我们需要更加关注这些微塑料颗粒对我们身体的影响，特别是对血液的影响。

第二章

战塑之国

第一节　国之战塑政策彰显减塑决心

如今，全世界每年以亿吨为单位产出的塑料垃圾，正使地球陷入巨大的塑料污染危机。从世界最高峰珠穆朗玛峰的山巅，到地球海拔最低的马里亚纳海沟，甚至在人迹罕至的南极海域，都发现了塑料垃圾的踪迹。中国是负责任的大国，在事关人类命运共同体的大事中从不缺席。中国于 20 世纪 90 年代初提出了"白色污染"概念，这一警示很快得到国际社会的认同。"白色污染"特指塑料污染，已成为仅次于气候变化的全球性环境焦点问题，对全球可持续发展带来极大挑战。中国政府高度重视塑料污染问题，在"限塑""禁塑"实施方面一直走在世界前列。

自 21 世纪初，中国就相继出台了系列政策文件以推进解决塑料污染问题（见表 2-1）。2007 年 12 月，国务院办公厅下发《关于限制生产销售使用塑料购物袋的通知》（"限塑令"）指出，鉴于购物袋已成为"白色污染"的主要来源，各级人民政府、部委等应禁止生产、销售、使用超薄塑料购物袋，并实行塑料购物袋有偿使用制度。2013 年是"限塑令"实施 5 周年，国家发展和改革委员会等部门推出《关于深化限制生产销售使用塑料购物袋实施工作的通知》，以巩固和扩大已有成果，全面落实中央关于厉行勤俭节约的精神。

表 2-1　　　　中国关于塑料行业污染治理政策汇总

发布时间	发布部门	政策名称
2007 年	国务院办公厅	《关于限制生产销售使用塑料购物袋的通知》
2013 年	国家发展和改革委员会等	《关于深化限制生产销售使用塑料购物袋实施工作的通知》
2016 年	环境保护部	《全国生态保护"十三五"规划纲要》
2017 年	国家质量监督检验检疫总局、中国国家标准化管理委员会	《聚乙烯吹塑农用地面覆盖薄膜》
2017 年	环境保护部	《环境标志产品技术要求 塑料包装制品》
2018 年	国务院办公厅	《"无废城市"建设试点工作方案》
2019 年	国家市场监督管理总局、中国国家标准化管理委员会	《绿色包装评价方法与准则》
2019 年	国家发展和改革委员会	《产业结构调整指导目录（2019 年本）》
2020 年	国家发展和改革委员会、生态环境部	《关于进一步加强塑料污染治理的意见》

续表

发布时间	发布部门	政策名称
2020 年	国家发展和改革委员会、生态环境部、工业和信息化部、住房和城乡建设部、农业农村部、商务部、文化和旅游部、国家市场监督管理总局、中华全国供销合作总社	《关于扎实推进塑料污染治理工作的通知》
2020 年	国务院	《关于深入开展爱国卫生运动的意见》
2021 年	国家发展和改革委员会	《"十四五"循环经济发展规划》
2021 年	国家发展和改革委员会、生态环境部	《"十四五"塑料污染治理行动方案》
2022 年	国务院办公厅	《新污染物治理行动方案》
2022 年	工业和信息化部、人力资源和社会保障部等	《关于推动轻工业高质量发展的指导意见》
2022 年	科技部、生态环境部、住房和城乡建设部、中国气象局、国家林业和草原局	《"十四五"生态环境领域科技创新专项规划》
2022 年	国家发展和改革委员会等	《关于加强县级地区生活垃圾焚烧处理设施建设的指导意见》

"十三五"时期，各部门针对具体行业、具体塑料产品出台各项政策以推进塑料污染治理工作。例如，国务院于 2016 年 12 月颁布《"十三五"生态环境保护规划》，开展电子废物拆解、废旧塑料回收、非正规垃圾填埋场、历史遗留尾矿库等土壤环

境问题集中区域风险排查，建立风险管控名录；2017 年 10 月，国家标准化管理委员会发布《聚乙烯吹塑农用地面覆盖薄膜》（GB/13735-2017），将地膜最低厚度从 0.008 毫米（极限偏差+0.003 毫米）提高到 0.010 毫米（负极限偏差为 0.002 毫米），并根据不同地膜厚度修改力学性能指标，提升产品质量与可回收性；同年 12 月，环境保护部办公厅发布了《环境标志产品技术要求　塑料包装制品》（HJ 209-2017 代替 HJ/T 209-2005），对塑料包装制品的原材料和生产过程，产品降解性能、生物碳含量、印刷、标识等提出了环境保护要求；2018 年 12 月，国务院办公厅下发《"无废城市"建设试点工作方案》，支持发展共享经济，减少资源浪费，并限制生产、销售和使用一次性不可降解塑料袋、塑料餐具，扩大可降解塑料产品应用范围；2019 年 5 月，国家标准化管理委员会颁发了《绿色包装评价方法与准则》，针对绿色包装产品低碳、节能、环保、安全的要求，规定了绿色包装评价准则、评价方法、评价报告内容和格式，并定义了"绿色包装"的内涵；2020 年 1 月，国家发展和改革委员会、生态环境部出台《关于进一步加强塑料污染治理的意见》，提出到 2020 年年底，中国将率先在部分地区、部分领域禁止、限制部分塑料制品的生产、销售和使用，到 2022 年年底，一次性塑料制品的消费量明显减少；2020年修订的《中华人民共和国固体废物污染环境防治法》对推动包装物的减量化及回收利用等也作出明确规定；2020年7月，国家发展和改革委员会、生态环境部等9部门联合发布了《关于扎实推进塑料污染治理工作的通知》，指出要加强对禁止生产销售塑料制品的监督检查，加强对零售、餐饮等领域禁限塑的监督管理，推进农膜治理，规范塑料废弃物收集和处置，开展塑料垃圾专项清理等。

"十四五"时期，国家从政策上通盘谋划、精准落实，开展塑料制品生产、流通、消费、回收利用、末端处置全链条治理。2021年9月，国家发展和改革委员会、生态环境部等部门联合印发《"十四五"塑料污染治理行动方案》，从源头减量、科学替代、加强回收清运、完善农村塑料废弃物处置体系、加大再生利用力度等方面，对2021—2025年塑料污染治理重点工作进行了全面部署。2022年5月国务院办公厅印发《新污染物治理行动方案》，在限塑力度上不断加码，不仅要求工商部门加强对超市、商场、集贸市场等商品零售场所销售、使用塑料购物袋的监督检查，还要求到2022年年底，在全部地级以上城市建成区和沿海地区县城建成区的商场、超市、药店、书店等场所以及餐饮打包外卖服务和各类展会活动，禁止使用不可降解塑料袋，以及县城建成区、景区景点餐饮堂食服务，禁止使用不可降解一次性塑料餐具。此外，北京、上海、江苏、浙江、福建、广东等省市的邮政快递网点，先行禁止使用不可降解的塑料包装袋、一次性塑料编织袋等，降低不可降解的塑料胶带使用量。同年 6 月，工业和信息化部、人力资源和社会保障部等部门发布《关于推动轻工业高质量发展的指导意见》，推动塑料制品、家用电器、造纸、电池、日用玻璃等行业废弃产品循环利用。9 月和 11 月，科技部、生态环境部等部门及国家发展和改革委员会相继颁布了《"十四五"生态环境领域科技创新专项规划》《关于加强县级地区生活垃圾焚烧处理设施建设的指导意见》。前者提出，针对塑料包装、汽车等重点产品，研究全生命周期生态设计与评价方法，突破可降解塑料高效制备等关键技术，开发可降解塑料降解产物分析检测技术，研发固废资源化产品及原生产品的碳标签评价基准方法；后者提出，加强废旧农膜、农药肥料包装等塑料废弃物回收处理。

面对塑料污染这一全球共同关注的环境问题，中国正全力以赴，以实际行动彰显大国担当。从生产、使用、回收、处置、清理等各个环节持续推进塑料污染治理（见图 2-1），中国塑料废弃物的环境污染得到了有效遏制。

科学认识可降解塑料　　减少使用一次性塑料制品　　大力发展再生塑料行业

加强江河湖海塑料　　深入开展农村塑料
垃圾清理整治　　　　垃圾清理整治　　　　　　政府

深化旅游景区塑料
垃圾清理整治　　　　　　　　　　　　　　企业
强化重点区域塑料垃圾清理　　　　　　　　　　　　公众

多方合作，全民参与

图 2-1　中国各个环节持续推进塑料污染治理

一　开展全链条治理

（一）源头减量

中国已成为塑料原料生产、塑料制品生产和消费的大国，2020 年中国塑料产量为 1 亿多吨。塑料性能优异、成本低廉，在各类产品生产中被广泛使用，它的身影"无处不在"。但长期以来，由于广大企业和消费者主体责任不明确、节约意识不强，商品过度包装依然是顽疾，各类一次性塑料制品浪费现象比较普遍。这些一次性塑料制品使用广、价值低、收集难，成为塑料污染治理的"难点"和"痛点"，因此必须从源头上减少其生产量和使用量。在产品设计生产环节，国家各项相关政策中均提出要积极推行塑料制品绿色设计。在商场、超市、药店、书店等场所，推广使用环保布袋、纸袋等非塑料制品和可降解购物袋，在生鲜产品包装中推广使用可降解包装膜（袋），建立集贸市场购物袋集中购销制。在餐饮外卖领域，推广使用符合性能和食品安全要求的秸秆覆膜餐盒等生物基产品、可降解塑料袋等替代产品。在重点覆膜区域，结合农艺措施，规模化推广可降解地膜。各项政策均鼓励研发和推广可降解、可循环利用、环保性能优良的塑料替代产品，降低塑料制品对环境和人类健康的潜在风险。同时，禁止生产厚度小于 0.025 毫米的超薄塑料购物袋、厚度小于 0.01 毫米的聚乙烯农用地膜等部分危害环境和人体健康的产品。在塑料流通消费环节，要求商品零售、餐饮、住宿等传统商贸服务领域推动不可降解塑料购物袋、一次性塑料餐具、一次性塑料吸管、宾馆酒店一次性塑料用品的使用减量。督促指导电子商务、外卖等平台企业和快递企业落实主体责任，制定一次性塑料制品减量规则。大幅度减少电商商品在寄递环节的二次包装，提升快递包装标准化、绿色化、循环化水平。

(二) 清理整治

塑料垃圾，特别是塑料袋、塑料吸管等一次性塑料垃圾，由于体积小、重量轻，再加上一些人还有乱丢垃圾的陋习，所以被风一吹很容易散落到环境中。在一些江河、湖泊、水库等重点水域，海湾、河口、岸滩等滨海区域，村庄房前屋后、河塘沟渠、田间地头等农村重点区域，垃圾收集设施不完善，露天塑料垃圾污染仍比较常见。旅游景区也存在随意丢弃生活垃圾的现象。这些区域成为塑料污染治理的"短板"。为补齐塑料垃圾收集处置"短板"，各项政策聚焦江河湖海、旅游景区、农村等重点区域，提出开展塑料垃圾专项清理整治，做到"应清尽清"，确保"看得见"的塑料垃圾尽快消除，力争实现重点水域、A 级及以上旅游景区和村庄历史遗留的露天塑料垃圾基本清零。

塑料污染治理涉及生产生活的方方面面，不仅需要政府加大治理力度、统筹规划，也需要企业主动作为、履行责任，更需要广大消费者积极参与，主动对不符合国家有关规定的塑料制品说"不"，对各类替代产品多一些包容和理解，自觉履行生活垃圾分类投放义务，形成全社会共同参与的良好氛围。政策中多次提到，要加强塑料污染治理的宣传教育与科学普及，引导公众养成绿色消费习惯，最终形成塑料污染治理的社会化推进体系。

（三）回收利用

塑料的巨大消费量带来了大量的塑料废弃物，但不是所有的塑料废弃物都会产生污染问题，绝大部分塑料材料都具有可再生性。如果能对废弃塑料进行很好的回收和再生利用，它们就会变成新的资源，从而减少对原生资源的消耗；如果不能进行有效回收，因为其不可降解的特点，泄漏到环境中就会造成环境污染。因此，塑料污染全链条治理中另一重要的环节就是要强化废弃塑料的回收利用，变"塑料垃圾"为"再生资源"。

相关政策将回收处置和源头减量放在同等重要的位置，强调规范塑料废弃物回收利用和处置，要加强塑料废弃物回收和清运、推进塑料废弃物资源化能源化利用。从全球看，中国可以说是废塑料回收利用的"优等生"，并非麻烦制造者。以 2019 年为例，中国废旧塑料中，有约 1/3 被作为材料回收，较高比例被能源化利用，部分进入垃圾填埋场。对比来看，美国废旧塑料材料回收比例长期在 10% 以下，2018 年欧盟废旧塑料材料回收比例约为 32.5%，2018 年日本废旧塑料材料回收比例约为

28%（欧盟和日本的废旧塑料材料回收比例中既包括了本土处理量，也包括了运往境外国家的处理量）。中国在废旧塑料材料回收利用总量和比例方面毫不弱于欧洲、美国、日本等发达国家和地区。近年来，相关政策的出台势将进一步提高中国塑料废弃物资源化和能源化比例，从而最大限度地降低塑料垃圾的直接填埋量。

二 强化重点区域塑料垃圾清理

塑料垃圾清理主要指清理存留在自然环境中的塑料垃圾，从而减少其对自然和人文景观、生态环境以及人体健康的影响。2020 年 1 月，国家发展和改革委员会、生态环境部联合发布的《关于进一步加强塑料污染治理的意见》提出了要开展塑料垃圾专项清理的要求。后续发布的《"十四五"塑料污染治理行动方案》则对于重点区域塑料垃圾清理整治进行了进一步细化部署，为"十四五"时期开展该项工作奠定了扎实的基础。

由于多种原因，中国还有大量塑料垃圾积存在江河湖海、田间地头等自然环境中。这些露天塑料垃圾不但影响公共景观，而且会污染水环境和土壤环境。特别是遭遇暴雨、台风等极端天气和洪水灾害后，大量塑料垃圾被冲刷到河道、堤岸、海滩上，严重影响人民群众的正常生活。露天塑料垃圾清理难度较大，且容易反弹，需要各地区高度重视，部门之间加强协调，增强预防和源头治理措施。为解决露天塑料垃圾顽疾，《"十四五"塑料污染治理行动方案》部署了大力开展重点区域塑料垃圾清理整治这一主要任务，明确了江河湖海、旅游景区和农村塑料垃圾清理整治三项重点工作。

一是加强江河湖海塑料垃圾清理整治。要求在江河、湖泊、水库管理范围内，以及海湾、河口、岸滩等滨海区域实施塑料垃圾专项清理，建立常态化清理机制，力争重点水域露天塑料垃圾基本清零。增加海滩等活动场所垃圾收集设施投放，提高垃圾清运频次。督促船舶严格按照有关法律法规收集、转移和处置塑料垃圾。

二是深化旅游景区塑料垃圾清理整治。要求建立健全旅游景区生活垃圾常态化管理机制，增加旅游景区生活垃圾收集设施投放，推动旅游景区生活垃圾与城乡生活垃圾一体化收运处置，及时清扫收集旅游景区塑料垃圾。通过强化对游客的教育引导，倡导文明旅游，实现 A 级及以上旅游景区露天塑料垃圾全部清零。

三是深入开展农村塑料垃圾清理整治。要求结合农村人居环境整治提升工作，将清理塑料垃圾纳入村庄清洁行动的工作内容。对散落在村庄房前屋后、河塘沟渠、田间地头、巷道公路等地的露天塑料垃圾进行清理，推动村庄历史遗留的露天塑料垃圾基本清零。通过"门前三包"等制度明确村民责任，推动村庄清洁行动制度化、常态化和长效化。

《"十四五"塑料污染治理行动方案》强调，要发挥现有工作平台的作用，落实各环节主体责任，并将相关工作任务分解落实到具体部门，大大地强化了相关政策的可操作性。同时，也注重因地制宜，因为江河湖泊与海洋的塑料污染问题不同，旅游景区与农村地区的问题不同，南方北方、东部西部各地之间，乃至不同季节、不同时期的问题也不相同，不能采用"一刀切"的措施来解决问题，而是要针对不同区域采取不同的举措。江河湖海、旅游景区和农村地区塑料垃圾问题非常容易反弹，单次清理不能真正解决问题，这也就要求各项清理整治工作都要构建长效机制，解决历史遗留的露天塑料垃圾这一顽疾。实施塑料垃圾专项清理工作有助于抓住重点问题和重点区域，推动"十四五"时期塑料垃圾治理整体目标的实现，取得实实在在的成效，守护绿水青山。

三　大力发展再生塑料行业

塑料的巨大消费带来了大量的塑料废弃物，但不是所有的塑料废弃物都会产生污染问题，绝大部分塑料材料都具有可再生性。回收废塑料不仅能解决塑料污染问题，而且可以为工业生产提供可观的原材料，进而减少石油开采。因此，大力发展再生塑料行业，构建科学精准的塑料废弃物管理体系，合理管控塑料废弃物、消解处置压力、提升资源化利用比例，不仅可以有效解决塑料污染问题，也有助于保障中国能源安全，助力实现碳达峰、碳中和目标。

（一）行业发展现状

中国再生塑料行业发展基础较好，主要体现在以下三个方面：一是中国废塑料回收再生网络覆盖广且规模庞大，废塑料回收再生量逐步增长。同时，中国的再生塑料行业拥有最完整的产业链、最精细的行业分工、最丰富的行业经验、最完善的产品应用、最多样化的运行模式。二是废塑料回收利用行业逐步绿色转型。近年来，中国塑料再生利用行业规范化水平不断提升，许多规模较小、污染较大的废塑料回收和再生加工企业被关闭，正规企业规模不断扩大，管理水平不断提高，形成了一批较大规模的再生塑料回收交易市场和加工集散地，并不断发展成回收加工集群化、市场交易集约化的绿色经济。再生塑料产品也已在纺织、汽车、包装、电子电器等领域广泛应用，为国民经济发展做出了应有的贡献。三是中国对全球再生塑料的贡献进一步增强。中国从来没有向其他国家输送过废塑料，本土处理率达 100%。同时，中国在 20 世纪 90 年代开始处理全世界的废塑料，仅在 2013—2017 年，中国处置的进口废塑料就达 3660 万吨，为世界废塑料污染治理做出了巨大贡献。禁止固体废物进口政策实施后，中国的贡献并没有停止，国内部分再生塑料企业到东南亚、日韩、欧美等国家或地区投资建厂，将中国废塑料回收处理的经验和技术带到各地。中国再生塑料行业正在逐步从"全球废塑料资源+国内再生加工"的传统模式转变为海外投资再生加工与国内废塑料循环再生利用的双驱模式，全球影响力和贡献进一步增强。

（二）问题及举措

虽然中国再生塑料行业发展总体良好，但仍然存在整体回收利用率偏低、城乡发展不均、规模化不足等问题。"十四五"时期，再生塑料行业应当根据《"十四五"塑料污染治理行动方案》，围绕"加快推进塑料废弃物规范回收利用和处置"这一主要任务，完善城乡统筹，进一步规模化、规范化和清洁化发展，推动"十四五"时期塑料污染治理取得更大成效，助力实现碳达峰、碳中和目标。

首先，加强塑料废弃物规范回收和清运。瞄准提高城镇回收率。要结合生活垃圾分类，推进城市再生资源回收网点与生活垃圾分类网点融合，在大型社区、写字楼、商场、医院、学校、场馆等地，合理布局生活垃圾分类收集设施设备。同时，加强旅客运输、电子商务、外卖等领域的塑料废弃物规范回收力度，建立完善农村塑料废弃物收运处置体系。加强农村塑料废弃物收集，提出农膜回收行动和农药包装回收行动，支持和指导种植养殖大户、农业生产服务组织、再生资源回收企业等相关责任主体积极开展灌溉器具、渔网渔具、秧盘等废旧农渔物资回收。

其次，加大塑料废弃物再生利用。支持塑料废弃物再生利用项目建设，推动塑料废弃物再生利用产业规模化、规范化和清洁化发展。加强塑料废弃物再生利用企业的环境监管，加大对小、散、乱企业和违法违规行为的整治力度，防止二次污染。同时，完善再生塑料有关标准，鼓励塑料废弃物同级化、高附加值利用；提升塑料垃圾无害化处置水平。塑料垃圾在土壤中难以降解，防止未来潜在的废塑料污染，必须尽可能减少废弃物的填埋。"十四五"时期，中国将全面推进生活垃圾焚烧设施建设，补齐焚烧处理能力短板，大幅减少塑料垃圾直接填埋量。

加强现有垃圾填埋场综合整治，规范日常作业，防止历史填埋塑料垃圾泄漏到环境中。

"十四五"时期大力发展再生塑料行业是塑料污染治理的重要路径之一，有助于实现资源利用率的最大化和全产业链综合减碳。同时，我国进一步完善自身塑料废弃物管理体系，提升塑料废弃物回收再利用水平，也具有重要的国际示范效应，将为全球塑料污染治理提供"中国智慧"。

四 科学认识塑料替代产品

随着塑料污染治理工作的深入，塑料替代产品需求不断增加，相关产品广受社会关注，在快速发展的同时也出现了不少问题和挑战。《"十四五"塑料污染治理行动方案》则对于科学稳妥地推广替代产品开展部署，为"十四五"时期相关工作奠定了扎实的基础。

生物降解塑料是塑料替代材料中的一种，是指在土壤、海水、淡水、堆肥等环境条件下，可被自然界中存在的微生物完全降解变成二氧化碳或/和甲烷、水及矿化无机盐等物质的一类塑料。目前，已经产业化的生物降解塑料类型主要包括聚乳酸（PLA）、聚对苯二甲酸丁二醇酯（PBAT）、聚羟基链烷酸酯（PHA）、聚碳酸亚丙酯（PPC）等。其中膜袋类原料主要为

PBAT，餐饮具、注塑、纤维的原料主要为 PLA。其他类型的生物降解塑料主要应用于高端领域，并随着其性能的改善、成本的不断降低，开始应用在纤维、农用地膜等领域。

随着中国塑料污染治理政策的不断深入，生物可降解塑料产业得到快速发展。从产能上看，2020 年中国 PBAT、PLA 年产能分别约为 30 万吨和 10 万吨，均占全球产能的一半。预计到 2025 年，中国 PBAT、PLA 年产能将在 700 万吨左右和 100 万吨以上，占全球产能的 2/3 以上。从标准上看，生物可降解领域标准正逐步完善，生物降解 ISO 国际标准检测方法中，中国已等同转化 11 项。从检测能力上看，能够对生物降解塑料的降解性能进行检测的机构快速增加，国际上被同行或 DIN CERTCO、BPI 等认证机构认可的检测实验室约有 15 个。

但还要清醒地看到，各界对可降解塑料的应用领域、降解产物对环境的影响等问题也还有不同认识，目前可降解产业发展仍然面临标准不完善、检测能力不足、后续处置存在短板等问题，在科学研究、产品性能、使用成本等方面仍需持续发力。从应用领域上看，部分领域的塑料制品要完全回收再利用存在很大难度，生物降解塑料制品在这些领域的推广应用，可大幅降低传统塑料向环境泄漏的风险，是防治塑料污染的重要路径之一。但有研究发现，因海洋中微生物量非常少，且海水温度低，生物可降解塑料赖以降解的条件不存在，故大多数可生物降解塑料在海洋环境中没有出现任何降解的迹象。由此可见，可降解塑料也是不能随意丢弃的，因为可降解是有条件的。从降解产物对环境的影响看，中国正抓紧制定有关国家标准，相关检测能力也在逐步强化。由于泄漏后塑料废弃物所处环境和降解条件是相对复杂的，所以要根据所处环境条件，来建立模拟真实条件的降解率测试方法。相关国际标准模拟的环境主要有堆肥化、淡水环境、海洋环境、土壤环境、厌氧消化环境等，相关检测需测定生物降解过程中释放的生物气体量，通过计算聚合物所含有机碳转化为生物气体的百分比来获得生物降解率。相关 ISO 国际标准检测方法有 15 项、可堆肥塑料要求有 1 项，这 16 项标准中中国已等同转化 11 项，中国也在抓紧其他国际标准的转化。中国可进行降解性能检测实验室也已经超过 20 个。

为科学稳妥推广塑料替代产品，《"十四五"塑料污染治理行动方案》从完善标准、提升检测能力、加大科学研究、合理布局产能等方面进行了部署。要求充分考虑竹木制品、纸制品、可降解塑料制品等各类替代产品的全生命周期资源环境影响，完善相关产品的质量和食品安全标准。开展不同类型可降解塑料降解机理及影响研究，科学评估其环境安全性和可控性。健全标准体系，规范应用领域，明确降解条件和处置方式。加大可降解塑料关键核心技术攻关和成果转化，不断提升产品质量和性能，降低应用成本。引导产业合理布局，防止产能盲目扩张。加快对全生物降解农膜的科学研究和推广应用。加大可降解塑料检测能力建设，严格查处可降解塑料虚标、伪标等行为，规范行业秩序。

推广应用替代产品并不能简单等同于使用可降解塑料制品，促进广大消费者不用、少用一次性制品才是政策的应有之义。让我们共同减少一次性制品的使用，适度消费，绿色消费，为塑料污染治理作出自己的贡献。

五　多方合作，全民参与

《关于进一步加强塑料污染治理的意见》《关于扎实推进塑料污染治理工作的通知》《"十四五"塑料污染治理行动方案》等政策中多次强调，要凝聚社会共识，扩大公众参与。各地方、各部门要加强塑料污染治理宣传引导。通过政策图解、短视频等多种形式准确介绍和解读分阶段、分领域、分地区的目标任务和政策要求；组织相关行业、企业发布联合倡议，进一步增强公众对塑料污染治理工作的认同和支持；坚持问题导向，加大曝光力度，开展建设性舆论监督工作。塑料污染治理涉及因素多、影响范围广，既需要各级政府紧盯目标、真抓实干，还要广泛动员相关企业履行社会责任，走绿色发展道路，也离不开公众的理解、支持和参与，要引导公众绿色消费，践行绿色生活方式，形成"政府监管、行业自律、社会参与"三位一体的塑料污染协同治理体系。

（一）狠抓重点领域，明确部门职能分工

塑料污染治理工作涉及多个部门，只有分工协作才能避免存在职能交叉和管理空白。《关于扎实推进塑料污染治理工作的通知》以塑料生产消费全过程涉及的重点领域为依据，进一步明确各部门职责。生产环节，由市场监管部门开展质量监督检查，对生产禁限塑料制品行为进行执法查处；由工业和信息化等部门对生产淘汰类塑料制品的企业进行产能摸排，引导企业做好生产调整。销售使用环节，由商务、市场监管等部门加强对商品零售场所、集贸市场、餐饮堂食、外卖服务、各类展会活动一次性塑料制品使用的监督引导；由文化和旅游等部门开展景区、景点餐饮服务禁限塑监督管理；由农业农村部门落实农膜管理。废弃处置环节，由住房和城乡建设部门督促生活垃圾分类并追踪末端处理。部门间可以通过开展综合执法、联合督查等方式加强部门联动，提高工作覆盖广度与督查力度。

（二）围绕主要目标，坚持因地制宜

稳步有序地推进各项政策，分地区、分领域逐步落实。充分考虑到地区间、行业间的差异，提供差异化管控路线，符合基本国情和因地制宜的原则，使综合治理措施逐步落实。以不可降解塑料袋为例，要求到 2020 年年底，直辖市、省会城市、计划单列市建成区的商场、超市、药店、书店等场所以及餐饮打包外卖服务和各类展会活动，禁止使用不可降解塑料袋，集贸市场规范和限制使用不可降解塑料袋。考虑到社会应用场景、行业发展与人民生活的刚性需求，对特定场景和重大突发公共事件的特殊需求进行豁免，为企业生产方式和消费者消费习惯的转变提供缓冲期。例如，塑料袋不包括食品预包装袋、连卷袋和保鲜袋；在应对重大突发公共事件期间，用于特定区域应急保障、物资配送、餐饮服务等的一次性塑料制品可免于禁限使用等。

（三）强化社会共治，引导全民参与

引导行业企业积极行动，落实塑料制品禁限使用目标。塑料污染治理涉及范围广，需要行业积极探索实践。例如，某知名连锁快餐企业已于 2023 年 6 月宣布，在北京、上海、广州、深圳近千家餐厅的堂食及外带中停用一次性塑料吸管。部分地区的连锁商超已经开始推广使用可降解塑料袋，还主动开展商品包装的设计优化，使之更方便消费者直接提拎，从而减少塑料袋的使用。

行业责任主体协同共治，共同应对塑料污染。包括塑料制品生产厂商、使用厂商、平台企业、消费者、回收利用厂商、政府、公众等在内的所有产业链主体，均需进一步明确应承担的治理塑料污染的环境责任，达成共同应对塑料治理难题的共识。在有关行业协会的牵头组织下，涉及塑料制品前端生产、中端使用和末端处置的 16 家主要企业，于 2023 年 6 月共同成立了绿色再生塑料供应链联合工作组，以促进重要利益相关方携手建设绿色塑料供应链。

强化宣传引导，打造全民参与氛围。塑料污染防治需要营造社会主体广泛参与、共抓共治的良好氛围。《关于扎实推进塑料污染治理工作的通知》明确提出，要广泛开展宣传动员，并对宣传引导工作做出了规范指导，凝聚社会共识，实现正面引导，同时开展建设性舆论监督，营造良好社会氛围。

总体来说，多个政策遵循的方针均是全方位、全链条治理，旨在通过多种手段加强塑料污染治理，推动中国塑料污染治理工作持续深入。当然，多项政策均强调政府、企业、行业组织、社会公众共同参与塑料污染治理，加强部门间的协同配合，形成治理合力；注重增强全民环保意识，加强塑料污染治理的宣传教育，引导公众形成绿色生活方式；提出加强与国际社会的交流与合作，共同应对全球塑料污染问题，推动全球绿色发展；鼓励各地区根据实际情况，制定适合自己的塑料污染治理措施，实现精细化管理；强调依法治理，严格遵守国家法律法规，严厉打击非法生产、销售和使用塑料制品的行为；设置具体的塑料污染治理目标，如减少塑料废弃物排放、提高塑料废弃物回收利用率等，为治理工作提供明确方向；加大对塑料污染治理的监管力度，完善政策法规、加强执法检查，确保治理措施落地生根。近年来，中国不断完善对塑料污染治理的顶层设计布局，使国内塑料污染加剧的势头得到一定程度的遏制。此外，中国的务实行动已使其成为全球生态文明建设中的重要参与者、贡献者和引领者。

第二节　行业战塑先锋引领减塑变革

中国有句谚语："三百六十行，行行出状元。"在政府的支持下，对抗塑料问题，各行各业展示了"八仙过海，各显神通"之力。你我所熟悉的快递行业、餐饮外卖行业、酒店行业等铆足干劲、强力治塑。

一　快递行业

随着电子商务的快速发展，快递业务量逐年增长，自 2021年起，中国快递年业务量已经连续三年突破千亿件。同时，快递包装所带来的环境问题也日益凸显。在绿色低碳发展已成为社会共识的背景下，中国快递包装绿色转型成为行业发展的必然选择。

快递包装绿色治理涉及从包装设计到回收再利用全生命周期的各个环节，需要政府各相关部门齐抓共管，建立覆盖全链条的法律标准体系来支撑全过程治理。2019 年实施"9571"工程（电子运单使用率达到 95%，50% 以上电商快件不再二次包装，循环中转袋使用率达到 70%，在 1 万个邮政快递营业网点设置包装废弃物回收装置）。2020 年提出"9792"目标（"瘦身胶带"封装比例达 90%，电商快件不再二次包装率达 70%，循环中转袋使用率达 90%，新增 2 万个设有标准包装废弃物回收装置的邮政快递网点）。2021 年实施"2582"工程〔开展重金属和特定物质超标包装袋与过度包装专项治理，力争年底可循环快递箱（盒）使用量达500万个，电商快件不再二次包装率达80%，新增2万个设有标准包装废弃物回收装置的邮政快递网点］。2022年实施"9917"工程［采购使用符合标准的包装材料比例达到90%，规范包装操作比例达到90%，投放可循环快递箱（盒）达到1000万个，回收复用瓦楞纸箱7亿个］。经过全系统、全行业的共同努力，行业绿色发展意识逐渐增强，快递包装减量化、标准化、循环化水平稳步提升，快递包装绿色转型取得了明显成效。

近年来，快递企业高度重视生态环保及绿色发展工作，在政策制定中积极践行绿色发展理念。Y快递公司从战略上高度重视生态环保及绿色发展工作。在绿色包装方面，不仅制订了相关方案加强过度包装治理，还印发了《关于明确绿色包装内部申购的通知》，加强绿色包装统一采购管理。此外，还实施生态环保检查及奖惩机制，在网络管理部门下设绿色包装推进组，并印发了《关于全网加盟公司做好塑料污染和过度包装治理的通知》《××进一步加强过度包装治理方案》，明确过度包装检查及奖惩制度，统筹管理，有效推进塑料污染与过度包装治理工作。D快递公司也明确了关于重复包装、绿色包装的应对举措及相关要求，强调在快递本身已存在包装，且足以保护快递运输安全的前提下，不得进行二次包装。公司在回收利用方面也提出具体的要求，如规范胶带打包标准，推广以旧换新；加强回收转运场闲置绿色纤袋二次利用，使用循环纤袋建包；将外场囤积的绿色纤袋，提供给集中接货开单加包装使用，或者给营业部使用等。为了更好地服务市场、服务客户，响应国家对快递物流行业的环保要求，快递企业还从源头出发，制订符合快递网络和市场需求的快递物流包装解决方案，以减少电商快件二次包装。

在快递包装绿色转型过程中，快递企业是参与者，更是践行者。以 S 快递与 J 快递为例，快递行业主要在循环化、减量化和可降解三方面采取了积极措施。其中，循环化方面，使用循环箱替代传统一次性塑料泡沫箱材，如 S 快递在冷链物流方面采用高密度发泡聚丙烯（Expanded Polypropylene，EPP）箱代替一次性泡沫箱。从 2016 年开始，S 快递在广州仓开展小批量试点，分批次投入 12 万个冷运 EPP 循环保温箱。J 快递使用"青流箱"代替传统快递塑料包装，并在北京、上海、广州、杭州、成都、武汉等近 50 个一线、二线城市累计投放"青流箱"近百万个，投放超千万次。同时，S 快递与 J 快递使用环保袋、帆布袋、棉帆布集包袋等可循环编织袋来替代一次性塑料袋。减量化方面，快递企业积极推进胶带"瘦身"。S快递已在多个省份完成窄胶带采购使用，优化三层共挤材料配比，降低胶带厚度约10%，年节省塑料约2000吨。此外，还大力推广充气包装，设计多达19款充气包装替代内填充，每年节约PE塑料8.88万吨，并节约空间近90%。J快递收窄胶带宽度，每年可减少500万平方米的胶带使用量。此外，其利用包装推荐系统对商品种类信息以及尺寸、重量进行精准的评估，通过大数据计算，与包装尺寸进行匹配，计算出节省空间的摆放方法，减少塑料填充物的使用量。可降解方面，快递头部企业大力研发可降解包装材料。S快递研发的生物基材料包装袋、无胶带纸箱等对一次性包装耗材进行替代，填充物使用100%可降解绿色包装耗材进行替代。J快递也逐渐用生物降解塑料袋取代了普通的塑料制品，实现80%的商品包装耗材的可回收，单位商品包装重量减轻25%。

虽然废纸箱回收和再生利用成效显著，但是快递包装绿色转型任务仍然艰巨，在重点领域和部分环节仍有不少短板，面临着技术、成本、消费者认知等方面的挑战和难题。相比不断增加的快递业务量，可循环包装的使用占比整体较少。要实现绿色转型，需要使用环保材料替代传统的包装材料，但环保材料的成本较高，这给企业带来一定的经济压力。与此同时，新的包装技术和设备也需要投入大量的研发和改造费用，对于一些规模较小的快递企业来说，是一项巨大的挑战。快递包装绿色转型还面临着消费者认知和习惯的挑战。目前，大多数消费者在选择快递服务时更关注价格和速度，对于包装材料的环保性并没有足够的认知。因此，快递企业需要加强对消费者的教育和宣传，提高消费者对绿色包装的认知度，改变其购买习惯。对此，专家建议，包装设计应该注重可循环利用性，方便消费者进行再次使用或回收，让更多快递包装"变废为宝"。

二　餐饮外卖行业

随着外卖行业呈井喷式发展，塑料制品的消耗量不断增加，大量的外卖垃圾也对环境产生了不可忽视的影响。至 2022 年 12 月，中国外卖用户已增加到 5.2 亿。2020 年，全国外卖订单有 170 多亿单，并以每年 30%—40% 速度增长。有研究估计 2023 年，外卖塑料垃圾的产生量达到 60 万—100 万吨，并会对环境造成严重的污染。

为了有效应对这一问题，《关于进一步加强塑料污染治理的意见》在外卖整改方面有针对性地指出，到 2020 年年底，全国范围内餐饮行业禁止使用不可降解一次性塑料吸管；地级以上城市建成区、景区景点的餐饮堂食服务，禁止使用不可降解一次性塑料餐具。到 2022 年年底，县城建成区、景区景点餐饮堂食服务，禁止使用不可降解一次性塑料餐具。2023 年 7 月 13 日，中国包装联合会与 E 公司共同发布了《外卖食品包装通用要求》，这是首个专门针对外卖食品包装基本性要求的标准，填补了行业空白。该标准的制定和实施，能更好地满足消费者对外卖包装安全环保的需求，对外卖包装生产行业和餐饮企业做好外卖食品包装也具有重要的指导意义。

外卖行业主要在外卖餐盒类型、减少和回收一次性餐盒、使用可循环餐盒三个方面采取了积极措施。外卖餐盒类型中，一次性可食用餐具的关注度一直居高不下，其基本可达到无垃圾、无污染的目的。2000 年，中国就用豆渣、生物胶等物料来制造可食用快餐碗。四川的翔龙竹业则是采用竹纤维与食品胶、面粉来制作多种环保餐具，打造了全新的竹产业链。骞冀东通过对植物淀粉、秸秆的物理和化学性质进行相关实验，证明由此原材料制作而成的可食用餐具具有耐高温的性能，可在快餐热饮等行业中大量投入使用。在《我国一次性餐具研究综述》一文中对一次性可食用餐具的使用材料、发展现状做了详尽的阐述，也认为此类餐具前景可期。关于减少和回收一次性餐盒，中国各个外卖平台采取了相应措施。2017 年三大外卖平台先后提出青山计划、蓝色星球计划以及 EP 行动，均增加"不使用餐具"选项，联合用户和商家一步步地将环保落到实处。此外，某外卖平台于 2020 年的世界地球日成立了首个外卖餐盒回收联盟，各家品牌店在特定区域的门店放置了专属的"外卖餐盒回收桶"，提倡用户对外卖餐盒进行分类回收。截至 2022 年年底，累计在 7 个省份超过 1500 个社区及单位收集塑料餐盒超过 6400 吨，并将其再生利用制作成文具、服装等。某餐饮企业的外送和回收业务均由经过专业培训的内部人员承担，其中回收工作主要包括将相关用具清洗干净并将炉具收回。

餐饮企业通过采取环保措施，积极参与到塑料污染治理中，还可以提升自身的社会责任感和形象，增强消费者对企业的信任和认可。同时，治理塑料污染可以减少对自然资源的消耗，降低对环境的破坏，推动可持续发展。

三　酒店行业

酒店行业作为服务行业的重要组成部分，对环境保护的责任重大。随着国内环保意识整体增强和监管要求不断提升，越来越多的酒店开始实施"禁塑"措施，以降低塑料污染，减少垃圾产生，保护环境，共建美好家园。同时，针对酒店行业，中国也陆续出台了一系列政策文件。《关于进一步加强塑料污染治理的意见》指出，到 2022 年年底，全国范围内的星级宾馆、酒店等场所不再主动提供一次性塑料用品，可通过设置自助购买机、提供续充型洗洁剂等方式提供相关服务；到 2025 年年底，实施范围扩大至所有宾馆、酒店和民宿。

自《关于进一步加强塑料污染治理的意见》提出以来，中国各酒店从多方面进行整改以降低塑料污染。例如，K 酒店集团设定了企业"净塑"五年计划：截至 2021 年年底，完成酒店塑料足迹评估并制订可量化的减塑目标与行动方案；截至 2023 年年底，100% 去除非必要及对环境有害的塑料制品并且不主动提供一次性塑料制品；截至 2025 年年底，100% 的塑料废弃物得到妥善处理，实现零塑料废弃物流入大自然。该计划提出一系列日常运营举措以实现"净塑"目标。比如，酒店客房将提供玻璃瓶装饮用水，酒店其他区域将不主动提供塑料瓶装饮用水，以减少塑料瓶使用，提高循环利用率；在旗下酒店的餐厅全面投入使用可降解打包袋和打包盒。寻找可降解打包产品的供应商，挑选出最环保的可降解材质打包产品。

此外，H 集团全品牌基本实现所有的客用品包装换成由树木韧皮纤维制成的环保材料，该材料可降解、零污染。其旗下

99%品牌酒店的沐浴露、洗发露，已从使用小瓶装改为大瓶装，极大幅度地减少了塑料垃圾的产生。同时，集团旗下酒店客房已完全规避使用塑料一次性杯子，全部更换为瓷杯或纸杯，杜绝了一次性塑料杯的使用和抛弃。再如，集团旗下 H 酒店将环保浴巾、拖鞋等统一装入环保袋，方便客人使用后"袋走"，在后续旅程继续使用。同时，H 酒店"绿色住"也已在试点中，客人可在预订时自主选择是否需要环保浴巾等，若不需要则会减免相应房费，以优惠措施鼓励客人积极参与"限塑"环保行动。其旗下 Q 酒店更是建立了完善的塑料废弃物回收系统，对一次性塑料用品进行分类回收，并通过再利用或循环处理减少塑料废弃物。同时，通过培训和教育员工，以及向客人宣传塑料污染问题，提高他们的环保意识和参与度。

目前，中国全范围内星级宾馆、酒店等场所95%以上做到不再主动提供一次性塑料用品。这将在大范围内降低塑料污染，减少塑料制品对环境的破坏，保护生态环境，进而推动社会的可持续发展，促进资源的节约和环境的保护。

四　农业

塑料污染的另一个重灾区是农业。近三十年来，中国地膜覆盖面积和使用量一直位居世界第一。2014—2019 年全国地膜使用量在 140 万吨/年左右，覆盖面积在 1800 万公顷左右，且具有明显的区域差异。以 2019 年为例，地膜使用量最多的地区为新疆地区，为 24.27 万吨；其次为甘肃，地膜使用量为 11.16 万吨；山东排名第三，地膜使用量为 10.16 万吨；三地占到全国总量的约 1/3。传统地膜多为 PE（聚乙烯）制成，自然条件下很难降解。大量超薄膜的使用，导致无法采用机械设备卷收，而依靠人工捡拾的成本又太高。PE 地膜残膜在土壤中可以残存长达 100—200 年，导致土壤环境恶化。此外，农业生产过程中使用的化肥、农药等的外包装，以及畜禽养殖过程中使用的饲料包装袋、兽药包装袋等，如果处理不当，也会对土壤造成污染。

普通 PE 农用地膜存在的主要问题：①地膜残留污染日益严重。绝大部分地膜所用的原料是聚乙烯。聚乙烯地膜残膜在土壤中不降解，且膜极薄，难以回收，在农田中逐步累积。即使回收处理，也存在回收成本高、回收率低，所收回来的膜难以再利用，加工过程造成二次污染等问题。②造成土壤板结。地膜残留阻碍土壤毛管水和自然水的渗透，影响土壤吸湿性，降低土壤通透性，影响土壤微生物活动和土壤肥力。③造成减产。有研究表明，当平均残膜量达到 77.9 千克/公顷、167.6 千克/公顷、

279.0 千克/公顷和 372.2 千克/公顷时，棉花减产率分别为 3.82%、7.45%、11.71%和 18.92%。④残膜碎片泄漏。它们可能与农作物秸秆和饲料混在一起，牛、羊等家畜误食后造成肠胃功能不良甚至死亡。⑤"视觉污染"。漫天飞舞的残膜影响环境景观。

农业农村部参与联合发布的《关于扎实推进塑料污染治理工作的通知》（发改环资〔2020〕1146 号）明确要求推进农膜治理。各地农业农村部门要加强与供销合作社协作，组织开展以旧换新、经营主体上交、专业化组织回收等，推进农膜生产者责任延伸制度试点，推进农膜回收示范县建设，健全废旧农膜回收利用体系。各地农业农村部门要会同相关部门对市场销售的农膜加强抽检抽查，将厚度小于 0.01 毫米的聚乙烯农用地膜、违规用于农田覆盖的包装类塑料薄膜等纳入农资打假行动。政府通过制定相关政策和方案，为农业塑料污染治理提供了明确的指导思想和行动计划，为治理工作提供了有力的政策保障。文件明确了农业塑料污染治理的目标和任务，提出了具体的措施和要求，如加强农膜回收、推广可降解农膜、加强科技支撑等，为农业塑料污染治理提供了具体的工作思路和方法。通过宣传教育，使农民认识到农膜污染的危害，积极参与到农膜回收和治理工作中，形成全社会共同关注、共同参与的良好氛围。

2020 年，国家造纸化学品工程技术研究中心（杭州市化工研究院）、浙江省生物基全降解及纳米材料创新中心［杭实科技发展（杭州）有限公司］联合中国农业科学研究院、中国水稻研究所、金华市农业科学研究院、浙江四方集团有限公司、永康农技站、永康振兴实业股份有限公司等组建"创新联合体"，经过 4 年时间的田间试验结果反馈，突破了全生物降解农用地膜研发、配套农机铺膜装备研制、减药控草、覆膜优质高产栽培等关键核心技术，替代了有毒有害除草剂的使用，在茄果类作物、水稻、甘蔗、葡萄、西瓜、玉米、西蓝花等作物和蔬菜上实现应用推广。

江苏省沿海农业发展有限公司如东分公司（以下简称如东分公司）主要发展以西蓝花为主的自营种植，每年使用地膜覆盖面积约为 500 亩。起初，如东分公司使用的是传统的 PE 地膜，然而，各种问题纷纷凸显，如 PE 地膜不能自然分解。为了不破坏耕地，农忙过后需要人工到田间回收，耗时耗力。同时，还会出现地膜回收不彻底、残留多的现象，既不利于农作物生长，也影响机械作业，还可能带来微塑料污染。2023 年 1 月，为保护耕地，响应国家号召，如东分公司为 500 亩西蓝花和 200

亩青毛豆全部覆上了全生物可降解地膜。它不仅能显著改善土壤的物理性状，增加土壤透气性，而且 6—18 个月即可完成降解，彻底解决了传统地膜残留问题。与传统 PE 地膜相比，全生物降解地膜较高的价格往往使农民望而却步，但随着科技的进步，两者之间的价格差正不断缩小。

第三章

战塑科技

第一节　注入生命的基因

由于塑料的无限制利用及其处置方法不当，塑料在生态系统中的大量存在，构成了全球性威胁。据报道，在过去的几十年里，合成聚合物的生产呈指数级增长。然而，这些传统合成聚合物通过常规的物理方法、化学方法几乎不能有效分解，导致其在环境中持续释放有害物质或副产品。那么问题来了，塑料降解真的就这么难吗？我们该怎么办？

其实，我们不妨打破自己的惯性思维，来问几个问题：既然生产出的塑料难以降解，我们是否可以发明易于降解、易于回收的塑料呢？就像生物学界改变基因的方法，是否可以通过变革塑料产生的方法，让其涅槃重生？虽然没有一种完美的解决方案，但从塑料的生产源头出发，通过改变材料的组成和制造过程，可以采取一些措施来改善塑料的可降解性和可回收性。如此，这个难题不就迎刃而解了吗？

近年来，科学家通过各种方法来尝试改变塑料的"基因"，接下来就让我们看看这些方法是否能行得通。面对源源不断的

"白色污染"，通过这些方法，我们是否可以建立一个全新的塑料循环世界？

一　优秀的塑料基因——生物降解材料

选择可降解的原材料是改善塑料可降解性的关键。传统塑料的原材料是从石油资源中提取的高分子聚合物。这些高分子聚合物是主要的污染源，要么不可生物降解，要么需要数百年甚至数千年才能降解。幸运的是，科学家发现了一些可替代传统塑料的原材料，它们是天然可再生资源，如淀粉、纤维素、菜籽油等生物聚合物，具有较高的可降解性。目前，它们被广泛应用于纺织、包装、电子和食品服务等多个领域。让我们跟随科学家的脚步，去探一探这些生物聚合物是如何变成塑料的吧。

首先，我们来了解一下什么是"生物降解材料"。生物降解材料是指利用可再生生物质或经由生物合成得到的原料，通过生物、化学、物理等手段制造的一类新型材料，其具有原料可再生、减少碳排放、节约能源、可生物降解等特性。生物降解材料可在自然界，如土壤等条件下，或在特定条件下如堆肥化或厌氧消化，或在水性培养液中，由微生物如细菌、霉菌和海藻等作用，最终完全降解产生二氧化碳、甲烷、水、矿化无机盐以及新的生物质。目前，常见的生物降解材料种类如图 3-1 所示。现在，我们着重来认识一下当前最为受宠的新型塑料"基因"纳米纤维素（Nanocellulose，NC）和淀粉。

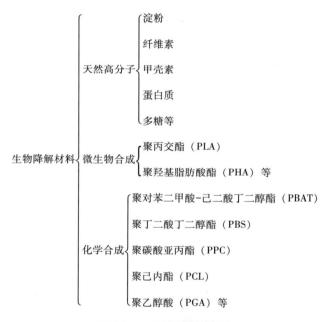

图 3-1　生物降解材料种类

（一）纳米纤维素

天然纤维素对于我们来说并不陌生，棉花的纤维素含量接近 100%，为天然的最纯纤维素，一般木材中纤维素占 40%—

50%。天然纤维素是地球上最丰富的生物质资源，是由 β-D-吡喃式葡萄糖基以 1，4-β-苷键连接而成的线形天然高分子化合物。

以纤维材料作为原料，通过化学、物理或生物的处理方法制备的，一维尺寸在 100 纳米以下的棒状、须状、长丝状的纤维素，统一称为纳米纤维素。纳米纤维素的分类有两种：一种是按照原料来源和功能特性的不同，将其分为纳米原纤化纤维素、纳米微晶纤维素以及细菌纳米纤维素三类；另一种是国际纸浆造纸工业技术协会（TAPPI）按照纳米纤维素的特性进行分类，将其分为纳米纤维和纳米结构材料（纤维素微晶和纤维素纳米纤丝）。

聚乳酸（PLA）也称为聚丙交酯（Polylactide），属于聚酯家族。PLA 是以乳酸为主要原料聚合得到的聚合物，乳酸主要来自玉米、木薯等，其来源充分而且可以再生。聚乳酸的生产过程无污染，而且产品可以生物降解，实现在自然界中的循环，因此是理想的绿色高分子材料。PLA 的特点是强度高、伸长率低、硬、脆、热变形温度低、透明性好。PLA 可以采用与通用塑料相同的方法加工，如注塑、挤出成型、吸塑、吹塑、纺丝、双向拉伸等。

聚对苯二甲酸-己二酸丁二醇酯（Poly Butyleneadipate-co-terephthalate，PBAT），是由脂肪族二元酸、芳香族二元酸和脂肪族二元醇共聚生成的脂肪芳香共聚酯，是一类性能优异的生物降解材料，可以在许多领域进行拓展应用。其特点是柔软、伸长率高、韧性好，特别适合做各类膜制品，主要应用领域包括薄膜类制品、包装材料、与其他材料共混改性等。

应用纳米纤维素材料，已经可以生产出吸管、餐具、购物袋、农用地膜、包装盒等各种用品（见图3-2）。相信在不久的将来，它将带给我们全新的体验。

（二）淀粉

众所周知的"热塑性淀粉"（TPS）其实就是一种以淀粉为原料合成的塑料，通常用于包装（如食品包装）。2018年，全球淀粉混合物类生物塑料的产量约为211万吨，占全球所有类型生物塑料总产量的18.2%。我们似乎很难想象，无味、柔软，且呈颗粒粉末状的物质竟然可以用作包装。然而，在科学家的眼中，这早已不是什么稀奇事。这其实是由淀粉的物理、化学性质决定的。淀粉主要由直链淀粉和支链淀粉两种分子组成，可以作为结晶材料。直链淀粉聚合物基本上是线性链分子，几乎完全由 α-1，4 键组成，而支链淀粉则是由 α-1，6 键连接

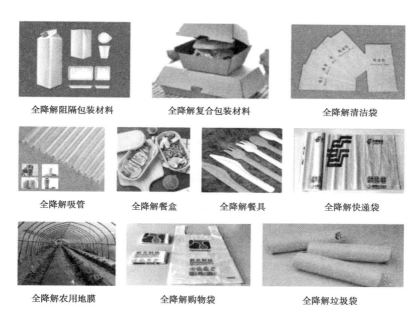

全降解阻隔包装材料　　全降解复合包装材料　　全降解清洁袋

全降解吸管　　全降解餐盒　　全降解餐具　　全降解快递袋

全降解农用地膜　　全降解购物袋　　全降解垃圾袋

图 3-2　纳米纤维素材料制备成型产品

的高支点聚合物。这两种链结构正是使淀粉合成生物塑料的主要贡献者。在自然界中，许多植物在光合成过程中都会产生淀粉，淀粉能为植物储存能量，存在于植物的根、块茎和种子中。不同的植物中淀粉含量不同，所以两种链状聚合物的存在比例也因植物种类而异。大多数淀粉（如马铃薯淀粉）是由大约25%的直链淀粉和75%的支链淀粉组成的。豆类淀粉（如豌豆淀粉）则含有大量直链淀粉。更值得关注的是，直链淀粉和支链淀粉结构可被特定的酶分解。如果将这类淀粉做成塑料，它在自然界是极易被分解的。淀粉原料价廉、易于提取、资源丰富、可生物降解且可再生，因此，淀粉似乎可以成为生物塑料生产中最重要的"基因"之一。

然而，在生物塑料中使用淀粉作为原料也存在一些缺点，如它在水里容易溶解，而且不够坚固。这就意味着，用淀粉做的塑料（TPS）可能会很脆，不适合生产中的各种用途。为了解决这些问题，科学家想出了很多办法。他们尝试在淀粉里加入其他材料，如一些特殊的塑料、植物的残余或者纤维，这样可以让 TPS 变得更耐热、更结实。

举个例子，科学家会把一种叫作聚乙烯醇的可降解塑料、木头的纤维，或者农业废弃物和淀粉混合在一起。然后，通过压缩、注塑或挤压等方法，把这些混合物变成固体形状。植物里的天然填充物和纤维在这个过程中很有帮助，因为它们流动性好，还能防菌。这些天然材料的好处是它们能被自然分解，密度低，强度和硬度都不错，而且成本低。不同的植物纤维会以不同的方式影响 TPS 的性能和质量。这取决于纤维的种类、它们来自哪里的环境条件、怎么加工的，以及是否对这些纤维做了特殊处理。因此，科学家还在继续研究，希望找到更多的植物纤维，看看它们有什么潜力，同时也想解决一些问题，如吸水性强、韧性不够、在户外使用时稳定性下降等。

除此之外，为了让淀粉更容易塑形，科学家还会用到一些增塑剂，像甘油、山梨醇、水、尿素、乙醇胺和甲酰胺。这些增塑剂的主要作用是让塑料更容易流动和使用。水和甘油是最常见的增塑剂，能很好地和淀粉混合。在高温、高压和剪切力的作用下，增塑剂会进入淀粉颗粒，打破里面的氢键。在90—180摄氏度的温度下，增塑剂会把淀粉变成 TPS，通过挤出、注射、成型和压制等流程变成各种形状。当淀粉和一定量的水混合后，它在加工过程中变得不容易蒸发，加热和剪切会让淀粉颗粒结构受到破坏，从而形成一个均匀的热塑性熔体。热塑性塑料在加热时会变软和流动，冷却时则会凝固。这和热固性塑料不一样，因为热固性塑料在加热时会交联，如果再加热就会燃烧。虽然制作 TPS 的过程比较简单，不需要很长时间或复杂的化学反应，但是增塑剂和水的用量会影响生物塑料的特性和质量，增塑剂的种类也会影响 TPS 的结晶化温度，所以选择增塑剂时要谨慎。

实践证明，利用生物可降解的纳米纤维素和淀粉材料制备的新型塑料产品，在替代不可降解塑料餐盒、不可降解农用地膜、不可降解塑料包装等领域大有可为。生物降解材料从源头上做到改变塑料的"基因",诞生了可降解塑料,有望取代传统的"石油源"塑料,从而解决这种数百年也未必能降解的"白色污染"问题。让我们拭目以待吧!

二 水果、蔬菜也能做塑料

由前文中科学家的研究,我们已经了解到将淀粉和天然纤维作为原始材料,生产出的 TPS 是一种很有前景的塑料复合材料。然而,用于生产生物塑料的大部分淀粉和生物填充剂都是从水稻、小麦、玉米等传统作物中提取的,这些作物又是人类的主粮,淀粉基生物塑料生产的增长因此受限。那么,从其他的植物中是否也能提取出淀粉和生物填充剂来做成塑料呢?我们需要探索更多的植物转变成塑料的潜力。带着这个问题,下面就让我们来看看以下几种蔬菜、水果的成塑特性。

(一)马铃薯

当谈到马铃薯时,我们通常会想到炸薯条、土豆泥和烤马铃薯。但是,你知道吗?马铃薯还是世界上最常见的蔬菜之一,它在全球的种植量仅次于水稻、小麦和玉米。新鲜马铃薯的干物质质量含 81%—82% 的可消化总营养素、约 10% 的蛋白质和极少量的纤维。通常情况下,在加工马铃薯之前,马铃薯皮会被去除。据文献记载，全球马铃薯加工企业每年产生 7 万—14 万吨马铃薯皮。值得我们关注的是，马铃薯皮富含多种有价值的成分和营养元素，其干物质质量中有 60%—70% 的淀粉、3%—5% 的果胶、2% 的纤维素、15% 的粗蛋白和不同比例的其他成分。而且，马铃薯皮作为一种生物质已被证明具有巨大的潜力，可产生各种生物燃料和生物产品，包括沼气、生物乙醇和生物塑料。同时，还可广泛用作肥料或低价值动物饲料。马铃薯淀粉在许多工业领域中被广泛使用的主要特性之一是其在糊化时形成超透明凝胶的巨大能力，这与其他淀粉（如谷物类型）相比是独一无二的。这主要归因于它的多种物理性质，包括颗粒大小、纯度、相对较长的直链淀粉和支链淀粉链长、支链淀粉上存在磷酸酯基团。由此可见，马铃薯作为生物基塑料原料的巨大潜力等着我们开发呢！

（二）木薯

木薯是一种在热带地区很常见的植物，原产于巴西。它是这些地区碳水化合物的主要来源之一，排在水稻、小麦和玉米之后。木薯的根部营养非常丰富，可以制成各种产品，如木薯片、木薯颗粒和木薯淀粉。木薯的加工过程会产生很多有机废物，如木薯皮和木薯浆。这些废物里也含有很多淀粉。木薯淀粉有 15%—25%是直链淀粉，而 75%—85%是支链淀粉。这种淀粉用途广泛，如用于生产饲料、肥料、黏合剂、生物乙醇、沼气和生物塑料等。研究显示，木薯淀粉是制造淀粉基塑料的好材料之一。与其他淀粉相比，木薯淀粉更容易提取，纯度高，增稠效果好，所以可以用来制造高质量而且价格便宜的塑料。

（三）香蕉

香蕉是一种常见的热带水果，属于蕈树科，也是全世界消费量最大的水果之一。香蕉的年产量约占全球水果总产量的16%，仅次于柑橘类水果，居世界水果产量第二位。香蕉主要有三个品种：香芽蕉（Musa Cavendishii）、甘蕉（Musa Paradisiaca）和大蕉（Musa Sapientum）。香牙蕉称为甜点香蕉，比甘蕉更甜，淀粉含量更低；大蕉称为真正的香蕉，通常在完全成熟时生吃，其淀粉含量比甜点香蕉高。香蕉之所以颇受欢迎，是因为它们好剥皮，含有丰富的营养成分，如钾和钙，味道香甜，口感好，而且很容易消化。香蕉皮不再是废物，而是可以用来制造生物燃料和生物可降解塑料。有研究发现，经过特殊处理的绿色香蕉皮中的淀粉，具有黏度低、抗性强、不容易糊化等特性，这使它们非常适合用来制作低热量食品和功能性食品的包装材料。科学家还在研究如何利用香蕉皮来生产淀粉基塑料。他们发现，在制作 TPS 的过程中，添加一些焦亚硫酸钠可以预防香蕉皮氧化，从而制造出性能更优的 TPS。这真是一个很有前景的发现。所以，下次你吃香蕉的时候，不要忘了，它的皮也是很有用的哦！

（四）芒果

芒果是一种常见的热带水果。它拥有如矿物质、维生素、纤维和抗氧化剂等许多的营养成分。它是全球消费量最大的水果之一，次于柑橘、香蕉、葡萄和苹果。亚洲是芒果产量最大的大陆，占全球总产量的 75%，而欧洲仅占芒果产量的 0.02%。芒果的果皮和果核通常被丢弃。那么，这些果皮和果核到底有没有用途呢？研究人员发现，芒果核中含有约 21% 的淀粉，这种淀粉的性质与木薯淀粉十分相似。虽然芒果核中淀粉的黏度稍低，但它的溶解度更高。这意味着：它可以用来制作天然聚合物。研究还发现，将芒果核中的淀粉用作涂层或与树胶混合后制成材料，可以延长蔬菜等的保质期。所以，未来我们可能还会看到，用芒果核中的淀粉制造食品包装行业的塑料薄膜或涂层。这将是一个巨大的市场。

三　这样的"基因"能否再优化

原来大自然中有这么多天然的塑料"基因"，这些"基因"

也会演变成为各种生物塑料制品的原材料，从而为塑料的降解提供新的方法。现代社会的发展使人们对塑料的需求更广泛、更多样。像达尔文的进化论所论述的，我们也会类似地思考这样的问题：能否再优化这些制造塑料的"基因"，在满足多功能使用的同时，进一步促进塑料天然降解的效率，以维护地球的可持续发展呢？这个问题值得我们继续探究下去。接下来，就让我们一起来揭开塑料"基因"被优化的神秘面纱吧！

制造热塑性淀粉塑料就像做蛋糕一样，有很多步骤和配料。首先，我们需要从蔬菜和水果中提取淀粉，就像你在做蛋糕前要准备面粉一样。这些淀粉既可以单独使用，也可以和其他材料比如聚合物、纤维或填料混合在一起，这样可以让塑料更坚固。下面就来学习几种做"蛋糕"的方法：

（1）薄膜浇铸：这是一种简单的方法，就像在烤盘上铺上一层薄薄的面糊，然后让它干成一张薄膜。

（2）压缩成型：在这个过程中，我们把淀粉、水和增塑剂（让塑料更柔软的材料）混合在一起。如果我们想让塑料更坚固，还可以加入一些经过特殊处理的生物纤维或填料。然后，我们会做一些试验，看看每种材料加多少最合适。如果增塑剂加太多，塑料就会变得太软，不容易拉伸。最后，我们把这些混合物放进模具，在一定的压力和温度下压制成型。

（3）注塑成型和挤压成型：这些方法就像用注射器把面糊挤进模具，或者像挤牙膏一样把面糊挤出来成型。

在制作 TPS 的过程中，我们还可以加入一些特殊的添加剂，比如润滑剂，这样做出来的塑料就不会黏在模具上。这就像在烤盘上涂一层油，防止蛋糕粘在烤盘上一样。这些润滑剂包括硬脂酸镁、硬脂酸钙和含氟弹性体等。所以，制造 TPS 就是一个将各种材料混合、调整和成型的过程。但生产出来的塑料是否完全环保？我们仍需要探索更多的天然增强材料以确保改善 TPS 的性能，同时减少环境污染风险。

既然在 TPS 中加入天然增强材料可改善塑料的"性能基因"，那我们是否可以尝试在塑料的生产过程中，添加特定的降解剂，来优化塑料的"降解基因"呢？既然提出了这样有趣的科学问题，就让我们一起去寻找答案吧！实际上，许多科学家通过不断尝试来改变塑料的结构和化学组成，以设计出可降解的塑料分子链结构。例如，科学家通过改变塑料的分子链结构，引入一些天然降解性的基团，比如酯键和酶受体位点。这样一来，塑料不仅更容易降解，还能减少对环境的影响。有一项研究使用了糖棕榈淀粉作为原材料，将其与从海洋中提取的琼脂混合，制成了一种叫作 TPSA 的塑料。TPSA 不仅在热性能和拉伸性能上有显著改善，还具有良好的生物降解性。科学家还发现，将 TPSA 和海藻混合得到的材料，其生物降解性进一步提高了。它不仅可以保证塑料产品的功能特性，还能促进其可降解性和可再生性，并且废弃后的塑料也可作为有机肥料融入土壤。从这些特性来看，这种材料非常适合作为包装材料，制作托盘等较短寿命的塑料制品。

如此看来，从植物中提取天然的生物淀粉和纤维等原料制备可降解的塑料是一种非常有前景的方法。在塑料的生产过程中，添加特定的天然增塑剂，不仅能够使塑料的性能提升，还能够在一定的时间内使塑料分解成较小的分子，便于微生物降解和环境分解，提高资源利用效率。

第二节　不停歇的绿色旅程

通过改变和优化"基因"来加速降解塑料的确是一举多得的好办法，但它还等待我们更多的探索，这将是我们未来在生产塑料阶段要做出的重大变革。然而，面对已经产生和存在的让人惊心动魄的废弃塑料数据（亿吨量级），我们不可能有"法力"让它们凭空消失。那么，我们只能接纳它的存在，并使它不再伤害我们。如果我们能够进一步掌握高效的技术使塑料废弃物增值，那么这就是一举两得的好事了。如何将这些废弃塑料通过先进的技术回收利用，挖掘其作为资源被升级利用的潜力，确实是一个更有趣的话题。

为了解决塑料废弃物堆积的问题，我们首先需要了解四大类主要的塑料回收技术：一级回收、二级回收、三级回收和四级回收。一级回收，通常被称为闭环回收，涉及塑料废弃物分类，将未受污染的塑料从其中分离出来并作为新产品重新使用。虽然一级回收几乎保留了塑料的所有原始特性，但显而易见的是，它有非常大的局限性，只能回收特定类型的塑料废弃物，而受污染或严重损坏的塑料无法回收。因此，开发更有效的替代回收技术至关重要。二级回收，则是通过机械回收来收集塑料废弃物，并对其进行简单加工（如熔融再生）以制造出新的塑料产品。然而，熔融过程破坏了原有塑料的结构并引入了新的杂质，导致回收塑料的成分不均匀，从而使新的塑料产品的一些物理性能受到损害，影响了其实际的功能性。三级回收，也称为化学回收，通过溶剂分解、气化、热解等化学过程将塑料分解为单体或将其转化为具有更高价值的产品。四级回收，需要焚烧塑料来进行能源回收。由于其"简单粗暴"的方式，直接结果就是无法回收产品或原料，导致材料价值的严重损失。此外，焚烧过程中有毒气体或温室气体的释放会进一步加剧碳排放和环境危害。这显然和我们的"双碳"目标是背道而驰的。

从商业的角度来看，一级回收和二级回收由于可以节约原材料成本，似乎更为理想。如果作为一家塑料生产企业的老板，不用再为原材料的获取而发愁，你一定会为此感到兴奋。然而，令你万万没想到的是，提高塑料废弃物的价值和回收率的关键障碍，就在于它的分选和分离过程。在这个过程中你要花费大量的人工成本、设备成本和时间成本。所以，最后你会发现这种"倒贴钱"的活儿谁也不想干。于是经过这样一番折腾，你终于发现，在实际情况面前，将塑料废弃物直接燃烧转化成能源或是其他的化工原料的方法虽然简单粗暴，但确实更便捷。这也是三级回收和四级回收越来越受欢迎的真实原因。然而，四级回收中塑料燃烧会给环境带来不可逆的影响，这是要坚决杜绝的。当前能量回收工艺的升级和碳捕集技术仍在摸索和研究中，与之相比降解的三级回收可能更加温和、友好。此外，从潜在产品的角度来看，尤其在三级回收中，许多化工原料可以从塑料废弃物中得到，如石蜡、烯烃、萘、苯、甲苯、微晶蜡，以及非晶碳和石墨碳等碳材料。

因此，从现阶段来看，化学回收的方法很容易脱颖而出，它不仅将塑料废弃物回收并快速转化成单体后再合成新产品，也可以转化为其他工业或能源增值产品。然而，结合经济效益和环境效益来看，化学回收工艺的设计和优化才是塑料废弃物转化为财富的真正密码。接下来，就让我们了解塑料回收致富系统的发展趋势和取得的成就。

一　最简单的重生术——化学回收

从前面的介绍中我们已经简要了解到，化学回收技术可通过溶剂分解、气化、热解等化学过程将塑料中的多种碳氢化合物解聚为能源、燃料或其他增值化学品。根据化学溶剂的种类，解聚过程可进一步分为糖酵解、醇解、氨解、水解等，这些解聚技术提供了将塑料废弃物降解成单体或低聚物，并将它们作为原料生产可再生塑料和其他高价值产品的机会。同时，气化和热解也可以按照气化剂种类或加热速率进行分类。这样看来，想要回收塑料也并不复杂嘛？只要将塑料先分解，再重组就可以达到目标了呀！然而，看似简单的事情却暗藏玄机。这些化学技术的应用往往高度依赖塑料本身的类型和产品的需求。那么，究竟怎么才能行得通呢？我们已经迫不及待地想要了解这些塑料"重生术"的真正秘密，那么就一起来解读它们吧！

（一）溶剂分解

聚合物的降解主要发生在熔融相中，当在没有溶剂时，固体催化剂往往会沉积在反应器底部。因此，熔融聚合物在反应器的上层和下层反应不均匀，可能导致目标产物二次裂解和产物分布复杂等问题。此外，较低的传热和传质效率导致反应系统需要更高的反应温度和更长的反应时间，这是产生复杂产品的另一个原因。溶剂分解在处理各种热固性塑料时具有显著的优势，因为催化剂、溶剂和塑料聚合物都存在于同一相中，确保了反应的均匀性，并为塑料的选择性裂解提供了条件。此外，这样的均相催化允许塑料在温和条件下进行反应。

简单想象一下，塑料就像一块坚硬的糖果，我们想要把它变成小糖粒。科学家发明了几种方法来"溶化"这块糖果，让它分解成小块，这个过程就叫作塑料的降解。但是在没有水的情况下加热糖果，因为热量不均匀，糖果可能会被烧焦或者变得很奇怪。这就是为什么科学家更喜欢用溶剂来帮助塑料均匀地溶化。我们在生产中较常用到的溶剂分解处理方法主要有醇解、水解、氨解和糖酵解，顾名思义每种方法的催化机理也是不一样的。

1. 醇解

这个方法用酒精来"洗"塑料，让它变成小块。有时候，我们会用到一种特殊的酒精，叫作临界流体。临界流体是一种新兴的回收介质，能够随机破解碳纤维增强塑料，同时保留碳纤维的大部分拉伸强度。临界醇被认为是绿色反应介质，因为它们容易获得、经济成本低、毒性低并且能够溶解各种有机和无机化合物。此外，临界流体的高扩散性和溶解性允许聚合物的分解和部分氧化。因此，酒精通常用于碳纤维增强塑料的降解和碳纤维的回收，以及超临界碳纤维增强塑料再循环的一般过程。

2. 水解

水是一种无害、廉价、易得和可回收的溶剂。这里的水可不是普通的水，而是超级强大的超临界水。它可以像魔法水一样，让塑料分解得非常快。这是因为超临界水具有几种有趣的特性，如低黏度、高效传热传质、快速扩散、氢键少和较低的介电常数。这些独特的属性使超临界水可以成为化学反应中潜在的酸碱催化剂。此外，非极性超临界水可以与有机材料完全混合，形成均相反应体系，这使其成为塑料回收利用的良好介质。对于化学性质不稳定的不饱和聚酯树脂、碳纤维增强塑料和化学稳定性较强的聚烯烃，超临界水可表现出优秀的解聚能力。

3. 氨解

这个方法用氨（一种化学物质）来攻击塑料的某些部分，让它分解。此外，氨解还可以参与反应以使产物加上羟基、酰胺等官能团，从而让分解后的产品更有价值。尽管氨解具有潜力，但与其他化学解聚方法相比，其开发程度较低，并且会产生大量的不良降解产物从而限制了其大规模应用。

4. 糖酵解

这个方法听起来很"甜"，但实际上是用一种叫作乙二醇的化学物质来分解 PET 塑料（做塑料瓶的材料）。在 PET 糖酵解中，通常是在催化剂和过量乙二醇存在的情况下将长链 PET 解聚成许多短链聚合物，然后再将这些短链聚合物逐渐解聚成低聚物、二聚物和单体。这个方法太温和了，不会让塑料变得太糟糕。因此，可应用于纺织品柔软剂和其他不饱和聚酯树脂。

（二）气化

想象一下，我们有一堆塑料垃圾，我们想把它变成有用的东西，而不是让它污染环境。科学家发现了另一种有效方法，叫作气化。它就像是一个魔法过程，可以把塑料变成有用的气体和其他物质。气化就像是一个超级回收机，可以处理各种固体废物，包括塑料。它比传统的塑料焚烧更环保，因为它在较低的温度下工作，产生的污染物更少。在气化过程中，塑料在高温（600—1000℃）下被转化成固体、液体和气体。这些气体，我们称之为合成气，主要包含氢气、一氧化碳、二氧化碳、氮气和一些小分子的碳氢化合物。这些气体可以用来制造更多的化学品。气化有几个步骤，包括干燥、热解（把塑料加热到它开始分解的过程）、气相裂解和重整反应（把塑料变成气体的"魔法"部分），以及非均质炭气化（处理剩下的固体部分）。这些步骤的效率取决于我们用的原料和气化的条件。所以，气化就像是一个塑料变形术，把看似无用的塑料垃圾转化成有用的资源，帮助我们更环保地生活！了解到气化反应的阶段和特征，我们接下来的主要任务就是去掌握各种气化方法。

1. 空气气化

这就像是把塑料放进一个特殊的炉子里，然后用空气来加热它。这个过程很简单，产生的气体热值相对较低，适合用来发电。最近，科学家还研究了一种共气化方法，把藻类和塑料一起处理，产生富氢的气体燃料。这个方法用空气作为气化剂，通过调整温度和塑料的量，可以增加氢气的产量。

2. 蒸汽气化

与空气气化相比，蒸汽气化产生的合成气具有较高的 H_2/CO 比，更适合化学合成过程。由于蒸汽气化过程吸热，蒸汽重整反应主要的挑战在于进入反应器的热量。纯氧气化是一种结合空气气化和蒸汽气化优点的替代方案，但气体分流装置的固定和运行成本的提高使其不经济，也使过程更加复杂。由于蒸汽气化需要外部供热，因此蒸汽和空气/氧气同时使用可能会提供经济效益。

3. 二氧化碳气化

使用二氧化碳（CO_2）作为气化剂将塑料废弃物转化为有用产品具有双重优势，即减缓全球变暖问题和产生有价值的合成气。二氧化碳气化的主要缺点在于必须施加外部热源。然而，大量研究表明，与空气、富氧空气和空气+蒸汽气化工艺相比，氧气+二氧化碳气化工艺获得了最高的产气率和碳转化效率。这说明利用二氧化碳作为气化剂将更有利于塑料的降解效率。

4. 超临界水气化

超临界水是高于临界温度和临界压力（374.1℃和22.1MPa）的水。想象一下，水在非常高的温度和压力下变得超级强大，就变成了超临界水。这种水可以迅速溶解塑料，解决了塑料难以传热和黏稠的问题。它还可以帮助产生更多的氢气——一种很好的燃料。

5. 等离子气化

这个方法用极端的高温（比火星表面还热！）来处理塑料，把它变成气体和一些无害的残渣。这种方法可能会带来更多的经济效益，同时减少对环境的伤害。然而，需要注意的是，该技术成本相对较高，需要更高水平的自动化设备和塑料废弃物分类设备。

（三）热解

与气化相比，通过热解的方式回收塑料通常可以将其转化为一些可直接利用的高值产物。热解就像是把塑料放进一个特殊的炉子里，然后加热它，在高温和无氧的环境下，它会分解成气体、液体油或蜡。这些物质可以被进一步处理，制成汽油、柴油和煤油等产品。塑料在热解过程中会经历一系列复杂的化学反应。例如，聚乙烯的非催化和催化热解的反应机理可分为四个步骤：①自由基链裂解和氢转移生成烯烃；②链终止后氢提取和 β 链断开；③自由基链终止，形成长链烷烃；④链断裂，然后环化和脱氢形成芳烃。有研究发现，在热解过程中使用催化剂可以提高高质量油的产量，而所使用的催化剂的组成和类型在决定塑料材料裂解产生的气态产物的组成方面也起着至关重要的作用。

根据加热速率、热解温度、残留时间等操作参数，常规电热解可分为慢速热解、快速热解、闪速热解三大类。在生产液态油品时，闪速热解优先，快速热解次之，最后才是慢速热解。与其他热化学处理技术相比，热解具有许多突出的优点，如：油品收率高；油品碳含量高；氮、硫等杂质含量低；快速热解停留时间短；通过调整操作参数可以改变所需的产物组成等。

二 致富秘径：废塑料的回收工艺升级

科学家的实验研究提供了塑料增值技术的基础和微观结构知识，通常集中在原料组成、反应机理、高效催化剂选择和反应条件等方面。而整个工艺回收系统工程是在更大范围内的研究，是一个涉及过程设计、操作和优化等方法的跨学科领域。这个路径能真正为塑料的化学回收过程带来巨大的财富。

（一）流程集成

关于塑料废弃物增值的工艺设计，大多数研究都集中在原料的差异和不同系统的集成上。为塑料废弃物增值的上层结构如图 3-3 所示。塑料废弃物分级工艺设计主要包括工艺输入、产出、技术、仿真软件和评估标准方面的研究。各种热转化技术、原料和产品之间的选择主要取决于可用性、区域偏好、市场需求和供应。从工艺输入的角度来看，对混合塑料废弃物或单一类型塑料的处理工艺设计研究非常广泛。可再生能源，如风能、太阳能、生物能、水电和地热，也可以纳入塑料垃圾的升级回收过程。可再生能源对经济、环境、国家安全和人类健康都有诸多优势。在刚刚过去的这一年，已经有研究人员提出了基于塑料废弃物超临界气化的太阳能驱动燃气—热电联产系统，

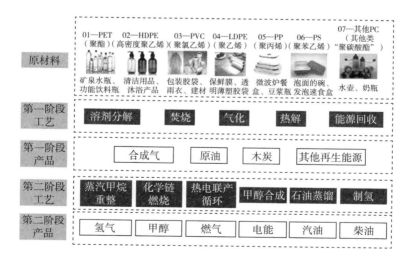

图 3-3　塑料废弃物增值系统的上层结构

在这个系统里太阳能方面的投入在总投入中所占份额最大，约占70%。利用太阳能集热器将太阳能转化为热能，然后将产生的热量供应给气化炉和预热器。塑料化学升级回收系统的产出各不相同，包括烟气、废水、灰渣和其他废物。在这里，产出分为两类，一类是通过前面提到的直接化学升级回收技术获得的第一阶段产品，另一类是由其他转化子系统产生的最终产品。第一阶段产品是焚烧、气化、热解或其他塑料处理技术的直接产出，主要是合成气、原油和木炭。热解产生的原油可以进一步进入蒸馏过程生产汽油、柴油或其他燃料。

采用前端轻化分离器可快速分离出热解装置一级产物中的乙烯、丙烯、丁烯、戊烯和其他烯烃类物质。在加氢处理部分，考虑了加氢和加氢裂化两种技术方案。采用传统的蒸汽甲烷重整工艺制氢，通常使用燃气轮机、蒸汽轮机和往复式汽轮机三种不同的涡轮机发电。它们工作的最终产品包括各种轻烃、芳香混合物、汽油、柴油和电力。最终工艺系统的输出与第二阶段化学转化技术（如热力循环或热电联产循环、甲烷蒸汽重整制氢、吸收或吸附捕碳、甲醇合成等）高度相关，其中反应、分离、能量输送的现象比比皆是。

（二）过程评估

当谈论如何评估一个项目，特别是那些涉及化学工程和环保的项目时，我们会用到一些听起来很专业的术语，如"技术经济分析"和"生命周期评估"。过程评估就像是给项目打分。我们看看项目用的技术是否先进，花的钱是否合理，对环境的影响大不大，以及整个项目从开始到结束的表现如何。想象一下，我们有一堆塑料垃圾，我们想把它变成有用的东西，这就需要用到一些高科技的回收方法。我们会用模拟软件来预测这些方法是否能赚钱，是否对环境友好，以及是否安全可靠。

1. 技术经济分析

该过程包含了广泛的工艺设计和评价考虑，主要涉及能源评价和经济评价两个方面。通俗点来说，就是看看我们的项目能不能赚钱，用的能源是否高效。有时候我们还会用到"火用"的概念——帮助我们计算能源的使用效率。想象一下，我们有一个大工厂，我们需要知道它从建立到运行，再到维护的成本和效益，甚至是员工的工作效率，那么我们就要算一算，每一部分都要算进去，看看最后的账单是否合理。在经济分析中，须考虑经济因素如净现值、投资回收期、内部收益、投资收益、折现现金流、收益率等，计算资本成本和运营支出，以评估该过程的经济绩效。

2. 生命周期评估

生命周期评估是一种评价与产品、过程或服务生命周期所有阶段相关的环境影响的方法。也就是说，从环保的角度来看，它分为四个步骤：首先，我们要明确我们的目标和项目的范围；其次，我们要列出项目中每一项的资源使用和产出；再次，我们要评估这些活动对环境的影响；最后，我们要解释这些数据和评估结果。事实上，生命周期评估的应用已经从原来的产品范围扩展到更大的范围，如组织生命周期评估、消费者/生活方式生命周期评估和国家生命周期评估。换句话说，这个方法不仅可以用于产品，还可以用于评估公司、消费者习惯，甚至是整个国家的环境影响。

从目标和范围界定的角度看，生命周期评估可分为归因生命周期评估和后果生命周期评估。在影响类别和生命周期评估所用方法的定义上存在一些差异。如果我们比较塑料废弃物管理的各种生命周期评估研究就会发现，即使项目目标和范围一致，也可能针对不同影响类别选择不同方法，最终结果也会发生变化。由于各地因素不同，系统边界差异很大，须考虑到产品和原料的市场价值，以及世界各地的分类方法，不同的废弃物组成、收集、可用技术和资源。此外，地方政府的政策或激励措施也可能影响结果。

总之，技术经济分析有助于评估技术和工艺的技术性能和经济可行性，而生命周期评估则评估其整个生命周期的环境可行性。但是，这两种方法都有它们的局限性，如数据的不确定性和系统边界的选择。未来，我们需要更一致的数据和更好的平台来确保我们的评估既准确又可靠。这样，我们就能更好地理解我们的项目在长远中对社会和环境的影响。

（三）流程优化

优化问题是多尺度的。在化学工程中，从较低水平的分子设计和模型开发到较高水平的工艺合成和设计，再到工艺操作、控制、调度和规划，都涉及优化问题。除常规的数学规划技术之外，基于人工智能（AI）的方法也被广泛应用于化学工程过程优化领域。在这里，我们将从实验设计、工艺综合优化和供应链优化三个典型的应用场景，来看看塑料废弃物转化为财富的过程优化方面的研究。

1. 实验设计

实验设计或模拟优化可以降低计算成本，帮助我们找出哪些因素对结果有影响，通过改变这些可能的因素如温度、加热速率和停留时间，来看看塑料废弃物热解过程对获得液体燃料的影响。我们用统计方法来分析实验结果，找到最佳的操作条件。

2. 工艺综合优化

这个问题更复杂一些。我们不仅要考虑工艺的设计，还要考虑最优工艺设计、运行条件、控制策略以及其他一些相关问题，如基于代理模型的优化。在不确定性方面，优化问题可以进一步以确定性或随机方式解决。使用模拟数据的优化可以嵌入对过程的高保真、非线性理解。由于缺乏可处理的代数方程，代理元模型是模拟和优化之间的纽带。然而，基于代理的优化也存在一些挑战，如选择有效的采样策略，使用合适的代理模型以及以最小的计算成本和采样要求找到最佳优化，需要付出更多的努力。对于塑料废弃物管理，科学家开发了一种方法来识别和评估从废弃物到资源的处理路线，以使塑料废弃物增值。所提出的框架包括对那些表现出最佳性能的替代方案进行严格的设计、模拟和优化。最后，混合塑料废弃物处理的案例研究表明，化学回收和热解燃料的生产是环境和经济上有利的选择。

3. 供应链优化

供应链涉及供应商、制造商、顾客、产品和控制库存、采购和分销等各个环节，通过将供应商与制造商联系起来，将客户与产品消费联系起来等过程从而形成网链结构。在塑料废弃物供应链中实施循环经济对经济和环境的影响也需要全面调查。

供应链管理问题是最全面的战略决策问题之一，需要优化工厂、仓库和配送中心的数量、位置、容量和类型。近年来，绿色供应链和闭环供应链很有吸引力，在可持续性问题上得到了关注。绿色供应链又称环境意识供应链，是一种在整个供应链中综合考虑环境影响和资源效率的现代管理模式。它以绿色制造理论和供应链管理技术为基础，涉及供应商、生产厂、销售商和用户。其目的是使产品从物料获取、加工、包装、仓储、运输、使用到报废处理的整个过程中，对环境的负面影响最小，资源效率最高。闭环供应链是指企业从采购到最终销售的完整供应链循环，包括产品回收与生命周期支持的逆向物流。目的是对物料的流动进行封闭处理，减少污染排放和剩余废物，同时以较低的成本为顾客提供服务。因此，闭环供应链除传统供应链的内容，还对可持续发展具有重要意义。闭环物流在企业中的应用越来越多，市场需求不断增大，成为物流与供应链管理的一个新的发展趋势。

综上所述，优化问题需要综合考虑很多因素，包括经济、环境和效率。我们可以使用先进的方法，如遗传算法和机器学习，来找到最佳的解决方案。这些方法可以应用于塑料废弃物管理的绿色供应链和闭环供应链网络，让我们把废物变成财富！

三　预知未来获得"长生不老塑"

通过化学回收和工艺优化，我们有很大的机会将塑料废弃物升级为有价值的资源。在未来的发展中，最大化地回收和利用塑料财富是人类共同的愿景。就像我们追求的永动机一样，塑料是否也可以永久地以绿色友好的状态伴随我们的生活呢？其实我们也可以猜猜未来。

让塑料变得"长生不老"，我们已经了解到关键的路径在于废弃塑料的高效回收，将其转化为诸如合成气、石油燃料以及高价值化学品等宝贵资源。然而，要充分挖掘这一潜力并实现高效转化，必须应对和克服多个挑战。首先，尽管气化与热解技术对特定单体塑料及混合物的降解过程存在许多优势，但在实际操作中，由于废弃塑料原料成分复杂多变，给气化炉和热解反应器的操作控制带来了显著困难，不同化学结构、热性能和降解特性的组合使得塑料处理更具挑战性。其次，如何将实验室研发阶段的先进化学升级回收技术成功过渡到工业化规模生产，是一项亟待解决的重大难题。同时，在整个工艺流程的生命周期内，进行全面的环境影响评估和经济效益分析至关重要，有助于识别并降低与能源消耗、排放和副产品废弃物相关的潜在环境风险，从而通过规避这些风险并优化产业链可以提升整体的效益。

尽管存在诸多挑战，但催化剂技术的持续创新和工艺设计的进步，为提升废弃塑料回收利用的效率提供了强大的动力。尤其是通过开发创新技术和集成式工艺，我们正逐步接近将废弃塑料变得"长生不老"的理想目标。在此过程中，人工智能算法的应用已成为关键推动力，它们在复杂的化学工程优化领域表现出卓越优势，包括但不限于实验设计、工艺流程改进以及塑料废弃物回收网络管理。此外，政府和监管机构在推广采用先进升级回收技术方面扮演核心角色，制定有力政策、激励措施和法规框架，有利于营造良好的投资环境和推动市场扩容。

废弃塑料高效的回收再利用已经揭示出其巨大的潜力，其中，气化和热解等方法展示了将废弃塑料转为有价值产品的可行性，并能与其他系统有机结合，从而全面提升整体系统的经济性和环保表现。不断提升和优化的回收工艺在提高废弃塑料回收率、减少新原材料的需求、减轻环境压力以及驱动循环经济可持续发展等方面发挥着不可或缺的作用。而要真正实现废弃塑料的高效回收利用，不仅需要技术创新，更离不开广大消费者积极参与和配合。随着研究和创新的不断深入，"长生不老塑"正在引领一场深刻的变革，这场变革将为世界带来怎样的绿色未来？让我们拭目以待吧！

第三节　加速的时间磨盘

传统塑料的出生特性注定了它的降解非常困难，而且处理废弃塑料的成本也很高，这让人非常头疼。现在，工程上常用的处理方法主要是填埋和焚烧。填埋就是把塑料埋到垃圾填埋厂，但塑料的半衰期超长，它会在地下待很长时间，一直保持原样，不会被降解。而焚烧虽然可以烧毁塑料，让垃圾变少，还能产生热量创造一些社会价值，但这个过程中会产生有害气体，如二噁英、二氧化硫和呋喃等，造成二次污染。塑料垃圾，如何得以消失呢？降解如同一个"时间的磨盘"，慢慢地将塑料垃圾分解为更小的组成部分，最终使其化为无形消失于大自然中。科技力量就像是一双"魔法之手"，加速了"磨盘"的转速。科学家通过创新的方法和技术，找到了能够加速塑料垃圾降解的途径。无论塑料垃圾是大还是小，我们终将寻找它、捕获它、禁锢它、销毁它。这是一场关乎环境与安全的挑战，而我们正以更生动、形象的方式，与塑料垃圾展开一场精彩而又激动人心的战斗！

一 污水处理厂捕获微塑料

污水处理厂处理污水往往是采用多级处理工艺。一级处理就像是一个大漏斗，密度大的微塑料就像小石头一样，被沉淀下来，去除率在50%以上。然后，二级处理像抓鱼一样，把剩下的微塑料中比较大块或者碎片状的给筛选出来，去除率高达98%。虽然二级处理能去除大部分微塑料，但对那些直径小于50微米的微塑料，去除率却还不到50%。三级处理，就像是一个超级净化器，对微米级塑料的去除率高达97%，处理效率非常高。一般情况下，二级处理对碎片状微塑料的去除率比纤维状的高。但如果我们提前给污水做"按摩"，也就是增设预处理流程，纤维状微塑料的去除率也能大大提高。很多时候只要根据微塑料的污染特征调整污水处理设施的运行参数，比如调整氧化沟的运行参数，微塑料的去除率就能轻松提高，甚至超过97%。还有一些高级设备，比如膜生物反应器、快速砂滤池和气浮装置，也能帮忙去除微塑料，它们的去除率分别高达99%、96%和95%。

在具体的水处理过程中，不同处理单元对微塑料的去除率不同。混凝单元主要去除大于 10 微米的微塑料，对微塑料的去除率可以达到 40%—54%。砂滤单元对微塑料的去除率是 29%—44%，而深度处理单元则是 17%—22%。为了更高效地去除水中的微塑料，科学家研发了混凝技术。这就像是在水中加入"胶水"，让细小的颗粒物聚集在一起，然后沉淀分离。虽然这项技术可以去除水中的悬浮物、胶体和有机物等，但我们对于小于 100 微米的微塑料，去除效果就不那么理想了。电絮凝也是一种有效的微塑料处理技术，对 300—355 微米的微塑料处理效率超高，可以达到 99%。但我们对小尺寸的微塑料处理技术的研究与应用还不够多，而且主要还停留在实验室阶段。还有一种深度净水技术叫作膜分离技术。它可以让水处理效率大大提升，但微塑料的尺寸小，很容易堵塞膜孔或造成膜污染，导致这项技术成本高。

吸附技术是利用吸附剂表面的多孔结构，就像是用一张大网，把水中的污染物质用静电引力、分子间作用力及化学键等牢牢抓住。快速砂滤池，就像是一个高效的清洁小能手，在去除水中的有机物、悬浮物等污染物质的同时，还能去除微塑料。然而，快速砂滤池对微塑料的去除率只有 50% 左右，对那些小于 50 微米的微塑料，去除率就更低了。不过，科学家想到了一个好办法：用更好的填料，比如活性炭和生物炭，来提升微塑料的处理效率。研究发现，无烟煤作为填料对微塑料的去除效果也很好，能帮我们去除 10—20 微米的微塑料，去除率高达 86.9%，对 106—125 微米的微塑料的去除率更是高达 99.9%。活性炭和生物炭也不甘示弱，对微塑料的去除率分别可达到 56.8%—60.9% 和 90% 以上。而且，生物炭的炭化温度越高，对微塑料的去除效果就越好。目前，以吸附技术去除微塑料的研究大多还处于实验室阶段，但吸附技术仍是一种十分具有潜力的微塑料处理技术。

二　塑料之化学消释

（一）水解法

聚对苯二甲酸乙二醇酯（PET）塑料的"骨架"结构中藏着一个活泼的"小助手"——酯基官能团。科学家就利用这个"小助手"，用各种溶剂在高温高压下攻击 PET 的主链，把它变成小分子或低聚物。PET 的水解方法有酸性、中性和碱性三种，但酸性、碱性方法因为要用大量的酸或碱，容易引发大麻烦，如腐蚀设备、污染环境，甚至发生安全事故，所以这两种方法用得并不多。目前，工业上最常用的方法是中性水解。但中性水解法也有它的不便之处，因为 PET 不亲水，所以要在高温高压下才能使它分解。而且，中性水解反应速度慢，产率和纯度都不太高。于是，科学家想了个办法：找催化剂来帮忙！加点醋酸锌或醋酸钠，PET 水解的效率就能大大提高。如果用一种双功能相转移催化剂，短短两个小时就能让 PET 彻底水解。有科学家通过水热法合成了一种名为 ZSM-5 分子筛的酸性催化剂，在微波的帮助下，ZSM-5 分子筛能有效催化 PET 的中性水解。

(二) 醇解法

醇解法可是降解 PET 塑料的超级武器。现在工业上最常用的甲醇，可以把 PET 降解成对苯二甲酸二甲酯和乙二醇（EG）。不过，甲醇的这个"改造"工作可不是那么容易的。它通常要在180℃—280℃和2兆帕—4兆帕的高温高压下进行，就像是给 PET 来个"桑拿按摩"，让它"骨骼松弛"。但这个过程有点慢，需要耐心等待。好在有催化剂这个好帮手。现在常用的催化剂有金属醋酸盐（如酸酸锌、酸酸铅、酸酸锰、酸酸钴等）和金属氧化物（如氧化锌、氧化锰、氧化铁、氧化钛等）。其中，醋酸锌的催化效果最好。不过，这些催化剂也有小问题。使用完之后，它们就"化"了，和产物融在一起，让产品纯度降低了。而那些传统的氧化物催化剂，个头太大还容易团聚，反应物和它们相互接触不到，这样就不利于反应的进行。所以，科学家还在努力寻找更强大的催化方法。有研究发现，如果把"超迷你"的氧化锌纳米颗粒放入甲醇中，PET 的转化率可以高达 95%。科学家发现，当用碳酸钾当催化剂时，在甲醇中加点二氯甲烷，PET 就能在常温下被轻松醇解，而且专一产物的产率高达 93.1%。

（三）氢解法

传统的化学方法都有一些缺点，如需要高温高压、用掉好多溶剂、副产物难以分离，还会产生大量低价值的低聚物。所以，科学家一直在寻找新的降解 PET 的技术。近年来，催化氢解 PET 的技术开始受到大家的关注。氢解法，就是在氢气的帮助下破坏化学键，特别是碳—碳单键。和传统的方法相比，氢解为 PET 降解提供了新思路。有时候，氢解得到的短链产物甚至比单体分子更有价值。科学家研发了一系列钌基催化剂，但这些催化剂合成复杂、成本高，在空气中还不稳定。而且，反应用的溶剂如苯甲醚、四氢呋喃或苯甲醚与四氢呋喃的混合物还有毒性，催化剂也难以回收。因此，无溶剂的催化氢解 PET 体系进入研究者的视线。科学家把二氧化钼放到活性炭上，制成了活性炭—二氧化钼复合催化剂，在 260℃和一个标准大气压的纯氢环境中，它可以直接把 PET 降解成单体对苯二甲酸，而且完全不用任何溶剂。又有科学家引入了双金属，做出了碳—钴—钼复合催化剂，这个"双剑合璧"的催化剂可以通过氢解作用高效降解 PET。

（四）光解法

塑料在环境中的降解过程中，光可是个关键角色。当塑料分子吸收了太阳光，如红外线、可见光和紫外线，就会开始分解。这个过程里，大块塑料被太阳光"晒"成小碎片，而最常发生的化学反应就是光氧化。环境中大量的塑料垃圾，受到太阳光、氧化物质和物理作用的"折磨"，慢慢地就开始了降解。通常，这种降解作用发生在塑料结构里比较脆弱的醚键部分。光氧化后，会产生酯、醛、甲酸等物质。有科学家研究了不同时间收集的海洋里的 PET 塑料瓶的降解情况。他们用扫描电子显微镜观察了 10 年前后的 PET 塑料表面，发现其表面变得粗糙还有裂纹。另外，通过全反射傅里叶变换红外光谱检测，发现了 PET 里的官能团也在变化，特别是羰基特征峰降低了，这说明 PET 在环境里待久了是会降解的。虽然 PET 在海水里能降解一部分，但它还是能在环境里待很久。塑料在降解时会变轻，表面还会破裂、长出生物膜，甚至出现小颗粒。

（五）超临界流体技术

超临界流体技术被认为是一种新兴、高效的处理塑料污染问题的有效手段，是一项具有很大发展潜力的环保技术，能帮我们解决很多棘手问题。废水、废物在超临界流体的作用下，都能变得无毒、无味和无色。这种技术不仅简化了复杂的反应装置和机械混合组装，还让有机物在超临界流体里快速氧化，变成气体和液体。更神奇的是，超临界流体扩散快、溶解性好，传质速率大大增加，连结炭反应都不见了。相间传质阻力也消失得无影无踪，反应速率飙升，连催化剂都可省去。而且，整个反应都在密闭容器中进行，绝对不会二次污染环境。科学家研究了在400℃、40兆帕的超临界水中PET的降解情况。结果发现，只要在超临界水中待上短短2分钟，PET的分解率就能达到惊人的95%。而12.5分钟后，对苯二甲酸（TPA）的回收率也能达到90%。超临界条件下的反应速率常数比亚临界条件还要高，这意味着超临界条件更有利于反应的进行。超临界流体技术虽然厉害，但要在苛刻的反应条件下实现大规模的工业生产，还是个巨大的难题。所以，我们要努力寻找降低反应条件的方法，让超临界流体技术摆脱束缚，为环保事业"添砖加瓦"。

三 塑料之生物降解

塑料降解其实也可以不用人类技术，全靠大自然的力量。高分子材料科学界在2015年11月报道了一项重要新闻：中美两国研究学者发现，黄粉虫的幼虫能够吞食并通过代谢降解塑料。除某些昆虫，在自然界中，还有许多微生物将塑料作为唯一碳源和能量来源。这些小小的微生物，通过新陈代谢，可以把塑料的大分子结构分解成小分子单体（见图3-4）。相比那些物理和化学的方法，生物降解更加环保、对生态更友好。用生物方法降解塑料通常具有较高的效益，对缓解塑料的环境危害具有深远的意义。

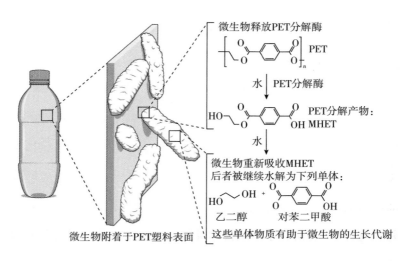

图 3-4　PET 的微生物分解途径

科学家发现，在海洋里就有一些能分解微塑料的菌株。他们把这些微生物富集培养，然后筛选，已经取得了一些不错的成果。比如，用两种海洋微生物球形芽孢杆菌和蜡状芽孢杆菌来降解低分子量聚乙烯和高分子量聚乙烯，结果发现，在海洋微生物的作用下，样品的重量损失明显提升了。科学家从沉积物水域分离出了60种海洋细菌，并从中筛选出了3种具有降解低分子量聚乙烯能力的菌株。不仅如此，科学家也成功地从海洋环境样品中富集出了能降解塑料的细菌。他们发现，其中一种菌株在低分子量聚乙烯上形成了厚厚的生物膜，还能降解石油基塑料。例如，在海洋中筛选到的水解微泡菌具有降解聚乙烯的能力。从近海的海水和沉积物样品中筛选出的铜绿假单胞菌和反硝化无色杆菌两种微生物具有降解聚丙烯的能力。

当细菌遇到塑料垃圾时，它们会吐出一些神奇的酶，如酯酶、角质酶、漆酶、脂肪酶等。这些酶能够把塑料聚合物分解成微生物可以"吃"的小分子。在这个过程中，这些酶就像催化剂一样，帮助细菌更快地分解塑料。PET材料中有一个弱点部位叫酯键，相比其他结构，这个酯键更容易被细菌的酶找到并"吃掉"。有研究小组从枝叶堆肥中的微生物基因组克隆并表达了一种角质酶。当这个酶遇到PET时，它的降解速度超级快，每小时可以分解 12 毫克 PET。不仅如此，科学家对这个酶进行了改造，让它变得更强大。他们通过不停地改变酶的基因，最后成功地创造出了这种角质酶的突变体。这个新酶的"胃口"更大了，不仅分解 PET 的速度更快，而且还能在短短 10 小时内把 90% 的 PET 塑料变成小分子。有了这个新酶，人们就可以建立一种 PET 循环工艺。这样，我们就可以把用过的 PET 物品变成小分子，再做成新的 PET 物品，这样就实现了 PET 的循环利用。这可以为 PET 的工业化循环利用提供很好的实践范例。

科学家发现一种叫作大阪堺菌的神奇微生物，它就像一只小怪兽，把 PET 当作唯一的"美食"。科学家还找到了它们体内分解 PET 及其单体 MHET 的两个关键酶——酶 1 和酶 2。酶 1 帮助微生物把 PET 分解成小小的单体 MHET。然后，这些单体被微生物吸收进去，再由细胞内的酶 2 把单体水解成更小的分子 EG 和 TPA，以供细胞代谢。虽然这个降解过程有点慢，但它显示了大自然总是在不断地进化，生物不断地在适应环境。

科学家对那个能把 PET 分解的神奇的酶 1 进行了更深入的研究。他们把酶 1 的蛋白放在显微镜下，仔细地观察它的晶体结构。终于，他们找到了一个关键的催化三联体活性结构，正是它帮助酶 1 分解 PET。接着，他们发现酶 1 的底物结合位点可以容纳 4 个 MHET 单元。这就像一个超级大的嘴巴，把 PET 吃进去，然后把它分解成更小的分子。为了更好地理解这个过程，他们还对酶 1 进行了定点诱变和结构诱变，并详细地解释了酶 1 如何把 PET 分解成 MHET、TPA 和 EG。首先，酶 1 会在完整的 PET 长链中打开一个小缺口，就像在一条长长的面条中间咬一口。然后，当有 4 个 MHET 单元分别与酶 1 上的催化亚基结合时，"小剪子"就会出来帮忙，让酯键断裂，形成一个更大的缺口。这样，就产生了两条新的 PET 链。它们之后像进入了一个消化系统，不同的末端和不同数量的 MHET 单元结合催化亚基后，会产生不同的降解产物。

不过，有些科学家还是觉得酶 1 分解 PET 的效率不够高，所以他们给酶 1 穿上了"新衣服"来提升它的效率。科学家发现，酶 1 的缺陷催化位点比角质酶的更开阔，这可能让酶 1 在"吃"PET 的时候有点困难。于是，他们让酶 1 上的两个位点发生了突变。这样一来，酶 1 的"嘴巴"就变得更小了，和角质酶的更像了。结果果然如预期一样，这个新版的酶 1"吃"PET 的效率变高了，而且还可以"吃"另一种塑料材料聚乙烯-2, 5-呋喃二酸了。科学家给酶 1 换了三个新突变"零件"，让酶 1 的可变区变得更稳定，还把可结合 PET 的催化亚基变大了。实验结果显示，新版的酶 1 降解 PET 的效率比原来的高了 14 倍。这也证明，蛋白质的结构信息可以用于更好地改造蛋白质，让它们变得更强大。

我们可以看到，塑料真的是个让人又爱又恨的东西。它给我们的生活带来了很多便利，但同时也给环境带来了不小的麻烦。如何把这些废弃塑料变成不再危害环境的"小伙伴"呢？这成了大家都关心的大问题。现在，科学家已经想出了几种处理废弃塑料的方法，但每一种方法都有它的优点和不足。所以，我们还需要继续探索，找到更高效、更经济的方法来处理这些塑料垃圾。

第四章

人民战塑

第一节 人本解决方案（HbS）

塑料已经如此深度地融入了我们的生活，塑料元素也随着人类脚步和生态系统的循环充斥在地球的每一个角落，从高耸入云的珠穆朗玛峰，到万里之深的大海；从喧嚣的都市，到偏远的山村；从动物的体内，到人的各个器官，塑料以各种不同的形态几乎无处不在地分布着。一场"中国 vs. 塑料"之战迫在眉睫。

如前所述，各政府部门、科研院所、科技企业正从政策引领、科学研究、技术创新等多个维度，向塑料污染问题发起挑战。我们称为"中国战塑"的号角已然吹响，并取得了长足进展。而社会组织作为社会治理的重要力量和直面塑料污染问题的一线团体，在"中国战塑"序列中，同样发挥着重要作用。作为生态环保领域的全国性公益公募基金会和全国性学会，中国生物多样保护与绿色发展基金会（以下简称中国绿发会）成立了"减塑捡塑"工作组，并在多年工作实践中，提出了"人本解决方案"（Human-based Solution，HbS），并将其作为应对塑料问题的重要指导思想。

人本解决方案最早由中国绿发会的副理事长兼秘书长周晋峰博士于 2019 年在第十一届国际青年能源与气候变化峰会上提出。他将其称为一种全新的环境解决方案，并明确指出，人本解决方案并不是狭义上的方案，而是基于人类的解决方案。这个概念通过将"人"作为中心，以人的行为和决策为核心，寻求实现可持续发展的途径。

一 人本解决方案的战塑基本逻辑

人本解决方案认为，整个社会行为的改变，包括每一个人的改变，才是塑料污染治理的终极解决方案。解铃还须系铃人。塑料是人类工业化发展过程中制造出来的产品，塑料垃圾问题的产生、扩散，也与每个人使用、丢弃塑料制品息息相关，同时塑料垃圾在全球生态系统中的扩散也关系着每个人的健康与公共环境权益。因此，塑料问题的解决，也需要政府部门、企业、社区等的参与和推动。

在解决塑料危机方面，人本解决方案的基本逻辑在于，通过人们的思想、观念、行为等方方面面的改变，可以实现对塑料污染问题的逆转。塑料污染问题，是一个纯粹的人为问题，完全是由人类活动导致的。人类的活动，导致多种生物在地质学上很短的时间内消失，按照地球前五次生物大灭绝的周期计算，我们极大可能已处于第六次生物大灭绝的边缘，而解决这些问题的关键也正是人类自己。这就是人本解决方案的核心理念。

中国战塑，人人有责。每一个人都需应战，参与这场塑料之战，为每一个人的健康，也为所有生命的健康，更为我们的子孙后代拥有一个无塑料污染的家园。因此，人本解决方案在应对塑料危机方面，具有全球适用性。

二 人本解决方案的中国优势

我们可以将"人本解决方案"之"人本"大致分为三个层面：一是个人层面，即公民个人身体力行的参与；二是团体层面，包括企业、机构、社区的参与；三是政府层面，也就是能够影响一个地区乃至一个国家的政策规章制定的行政机关的参与。

首先，个人层面。中华民族具有勤俭节约的传统美德。早在古代，中华民族就有了勤劳致富、珍惜资源的思想。历代文人墨客也不断弘扬勤俭节约的理念，将其融入他们的作品中。此外，一些重要的经典著作也提到了勤俭节约的重要性，如《荀子·天论》中讲"强本而节用，则天不能贫"；汉代贾谊

《论积贮疏》有言"用之亡度，则物力必屈"；诸葛亮讲"静以修身，俭以养德"，等等。这些传统为今天的勤俭节约思想的延续奠定了基础。而节约，则是最大的环保，是我们推动塑料垃圾减量的强有力支撑。

个体，同时也是作为消费者存在的。因此，每个人都可以在日常生活中做出减少塑料制品，特别是一次性塑料制品使用的行为改变。如减少使用一次性塑料袋、一次性餐具、一次性洗漱用品，拒绝塑料书皮，拒绝过度包装和快时尚服装等。合抱之木，生于毫末；九层之台，起于累土；千里之行，始于足下。我们坚信，每一位消费者的"积跬步"和"小小改变"，从众人的理解、觉醒到付诸行动——积极参与塑料垃圾分类和回收等，终将能有效地扭转塑料污染问题。

其次，团体层面。个体自发的战塑行为有一定的局限性。个人的行为很难具备长期性。在"中国战塑"这场硬仗中，团体作为组织者、参与方、实践方来进行引导，可以在应对塑料垃圾污染问题中发挥促进公众意识提升、传播科普知识的重要作用。在中国，基层社区、民营企业和社会组织具有强大的行动力和组织力，在引导广大人民群众积极参与塑料污染治理方面，一方面可以对国家相关减塑政策做出积极快速的响应和贯彻，另一方面可以密切联系广大群众，将国家政策理念转化为实践活动和科普宣传活动，推动更多个人层面的减塑行动。这也是中国绿发会设立"减塑捡塑"工作组并发起了"人民战塑"（Peoples vs. Plastics）行动的初衷。"人民战塑"行动通过发动和组织各地的志愿者奔赴乡野、河滩、湖边、城市街角等，进行塑料垃圾捡拾活动，并形成三份报告（品牌报告、类目报告、行为报告）。

第一份报告叫"品牌报告"。比如，"人民战塑"的第一次捡拾活动在山东济南开展，根据现场的捡拾情况，志愿者将塑料垃圾的品牌进行分类后发现，某品牌卷烟的数量最多，居捡拾品牌榜第一位，依此类推，我们据此制作了一份品牌图表，并发布报告。这个意义就很大，有助于敦促品牌企业更积极地践行社会责任，并主动参与到垃圾捡拾的行动当中，为减少塑料垃圾污染做出企业的贡献。

第二份报告叫"类目报告"。捡拾行动中，对塑料垃圾的种类进行划分，看是塑料渔网多，还是烟头多，是外卖塑料包装多，还是矿泉水瓶子多……每次活动都进行分类统计，这对全球来说也是极具指导意义的一份报告。

第三份报告是"行为报告"。每次活动都记录相关数据，如有多少人参加，并绘制年龄曲线和职业曲线，以及人员垃圾捡拾量曲线等。还进行对比分析，如我们在山东济南黄河段半天的垃圾捡拾工作中，捡了多少重量的垃圾；在陕西留坝，大家在同样的时间，以同样的人数捡了多少垃圾……这些统计数据累积起来，就可以掌握哪里的塑料垃圾更多，哪类垃圾更多。

以上三份报告旨在敦促品牌和行业更加重视其产品的塑料垃圾问题，并主动参与到这项工作当中，在生产过程中注重减少、减轻对环境所造成的损害及影响。同时，也可以帮助各地政府更加了解塑料垃圾在当地的分布状况，并重视这一问题，从而去推动解决问题。

最后，政府层面。如在 2008 年，中国全面禁止生产、销售、使用厚度小于 0.025 毫米的塑料购物袋，并在所有超市、商场、集贸市场等商品零售场所实行塑料购物袋有偿使用制度。而同样的政策，英国、法国、美国部分州和意大利分别是在 2015 年、2016 年、2017 年和 2018 年开始实施的，基本上落后于中国十年。2018 年开始，各级人民政府对习近平生态文明思想的深入学习，也推动了减塑、限塑相关政策的强有力实施。2020 年，中国出台新的塑料污染治理政策，将源头减量政策扩展到塑料微珠添加、一次性不可降解塑料吸管淘汰等更多一次性塑料制品，覆盖范围大于大部分国家和地区。这也使中国成为目前全球废塑料回收利用成效最显著的国家。

个人、团体和政府三个层面同时也是相互影响、相互促进的。比如个人层面的减塑行动，对企业和团体也具有积极作用。从消费者环保意识的觉醒，再到其需求和行为的改变，直接推动了企业和团体朝着更绿色、可持续的方向发展。由于消费者对绿色环保产品和服务的需求，越来越多的企业开始提供绿色产品和服务，充分展示了个体的力量对于企业行为的影响。越来越多的酒店和餐馆不再主动提供一次性餐具和日用品。外卖平台也尊重消费者的绿色选择权，增加了"无需一次性外卖餐具"的选项。截至 2023 年 8 月底，有超 3.6 亿用户使用过美团外卖"无需餐具"功能。这些行动和改变，也为各地政府部门将"不主动提供一次性餐具"纳入生活垃圾分类管理办法提供了有效支撑和行业示范。在人本解决方案推动下，更加健全、完善的制度和法律体系反过来也可以有效规范个人行为。让我们众志成城，在"中国战塑"中胜出，实现人与自然的和谐。

三 人本解决方案之"人民战塑"行动

为响应"减塑捡塑"（Beat Plastic Pollution）、"全球战塑"（Planet vs. Plastics）的世界主题，2023 年年初中国绿发会"减

塑捡塑"工作组发起"人民战塑"（People vs. Plastics）项目，旨在敦促品牌和行业更加重视其产品的塑料垃圾问题，同时呼吁全民参与、社会共治，在生产过程和日常生活中注重减少、减轻对环境所造成的损害及影响，促使更多公众和企业通过人本解决方案，帮助地球降温，帮助减少气候变化所带来的极端灾害天气。"人民战塑"活动已开展 13 次，以实际行动抗击塑料污染问题。

2023 年年初，中国绿发会湿地保护地·海南工作组带领志愿者在海口白沙门环保教育站、白沙门海滩开展"人民战塑"行动，志愿者积极参与，并向来到海口观光旅游的游客宣传环保理念、普及环保知识、讲解垃圾分类内容等，号召大家共同为减少污染、保护生态环境贡献力量。此次活动不仅提高了志愿者的环保意识，也使其对湿地保护有了更深的了解，意识到保护湿地生态的重要性。在志愿者的带动下，很多游客自愿加入到"人民战塑"的队伍中来，纷纷表示，要为自己身边保留一片干净、整洁的沙滩。

总体而言，人本解决方案通过推动社会各个单元从意识转变，落实到行为的改变，如此则"星星之火"势必可成"燎原之势"，推动全国塑料污染治理水平的不断提升。我们坚信，人民参与的力量定能赢得这场塑料之战。唯有如此，塑料污染才能得以有效、全面地解决，我们才能在这场"中国战塑"中取得胜利。

第二节　战塑先锋

一　从"塑料书皮"到"无塑开学季"

每年开学季，全国各大中小学校的门口文具店里，除了笔和本子，书皮也是热销产品。在中国，给新发的课本包书皮是学生入学前必要的仪式感。事实上，包书皮，是为了起到对书本的保护作用，避免书折角、折页。与从前流行的用挂历、纸类包的书皮不同，塑料书皮种类繁多，样式美观，省时省力。在商家的极力推荐下，它们很快成为孩子们追捧的对象，纸类书皮被逐渐取代。有些学校认为塑料书皮的防水性好，比纸质书皮更加结实牢固，对书本能起到更好的保护作用。因此，为了让孩子更好地保护书本，有的学校更有强制使用塑料书皮的要求。

然而，样貌光鲜、美观、使用起来便利省时的塑料书皮并不都是好处，其背后隐藏的健康安全问题和资源浪费问题也不容小觑。

（一）塑料书皮对青少年身体健康的影响

最引人担心的就是健康问题。相关社会调查表明，一些家长对塑料书皮的安全问题不以为意。由于塑料书皮购买及使用都十分便捷，大多数家庭都在使用，所以家长并不觉得会存在什么大问题。其实，家长更倾向于选择塑料书皮也并不是全无道理。站在家长的角度，孩子一学期发放的新书可能有 10 余本，开学拿到新书的当天就要帮助孩子完成包书皮的任务，又因为孩子年纪小，所以说是"帮助"，事实上大部分的包书皮任务都是由家长来完成的，如果用牛皮纸或其他纸类来包书皮，既浪费时间又耗费了大量的精力。相反，塑料书皮可以让孩子自己完成这项任务，操作程序也十分简单，既省时又省力。

但塑料书皮并非想象中的绝对安全，"三无"制品的塑料书皮中可能含有过量有毒化学物质，会对人体健康造成不良的影响。最早的一起有关塑料书皮危害学生健康的事件发生在 2016 年。一位在杭州某检测中心工作的孩子父亲，出于职业的敏感，以及在塑料书皮上闻到一些异常气味，对孩子使用的塑料书皮安全性产生了怀疑。他将孩子使用的几种塑料书皮送检，结果发现送检产品都存在有毒化学物质超标的情况，其中检测出邻苯二甲酸酯类物质和多环芳烃超标。

也是在 2016 年，就出现了塑料书皮中所含的有毒化学物质存在安全风险，对青少年产生健康危害的相关新闻报道。上海市教委新闻办 2016 年发布的数据显示：上海市质监局抽检的本市生产、销售和网店销售的 30 批次塑料包书膜及书套产品中，有 25 批次在邻苯二甲酸酯增塑剂项目上不符合相关要求，存在安全风险。2016 年，江苏省质监部门对实体店和电商平台上出售的 120 批次塑料书皮样品进行抽检，结果其中有 49 批次不符合相关要求，占样品总数的 40.8%，不符合项目同样是邻苯二甲酸酯和多环芳烃等。

邻苯二甲酸酯通常被用来增强塑料弹性、透明度、耐用性和延长使用寿命；而短链氯化石蜡会增加塑料的柔韧度，提高触感。然而，这些成分都含有一定程度的毒性。邻苯二甲酸酯的危害主要为干扰人体内分泌、致畸、致生殖系统病变、提高乳腺癌发病率等；若流入自然界也将造成环境污染。短链氯化石蜡和中链氯化石蜡可致畸、致癌、致突变。中国国家标准《学生用品的安全通用要求》（GB 21027—2020）中明确规定了学生用品可触及塑料件中邻苯二甲酸酯增塑剂的限量（不超过

1000 mg/kg)。邻苯二甲酸酯可通过呼吸道、消化道、皮肤等途径进入人体，进而影响内分泌系统的正常功能。已经有不少家长反映，孩子在开学季因频繁接触塑料书皮而产生皮肤过敏的现象。学生在日常接触这些塑料书皮的过程中，有很大可能会因此而影响身体健康。

（二）过度使用塑料书皮的资源浪费和环境污染问题

过度使用塑料书皮造成了资源浪费和环境污染的问题。据教育部发布的《全国教育事业发展统计公报》，2019 年中国在校中小学生人数约为 1.94 亿人，2022 年约为 1.07 亿人，按每人每学期使用 10 张塑料书皮计算，每学期至少就有 10 亿张塑料书皮被使用，如果单位用年来计算，这个数字还要翻倍。据报道，在 2019 年以前，北京曾有学校强制要求学生包塑料书皮。甚至有学校要求在纸质书皮上还要再包一层塑料书皮，除去各学科的课本外，有的还需要给练习册以同样的方式包书皮。学校对于塑料书皮的强制要求使家长无法说"不"。这种情况实际上增加了学生家长的经济负担和不必要的劳动，以及可能产生大量的浪费和污染。事实上，学校要求包书皮的目的本是教育孩子爱惜书本，但却由于忽略了塑料书皮背后隐藏的危害而衍生出了其他的问题。

塑料书皮实际上并没有想象中那么牢固，日常翻书、磨损都会造成书皮的损坏。而被损坏的塑料书皮的命运归宿大多是垃圾桶。可能会有人觉得塑料书皮被扔掉无可厚非，因为大多数塑料都会被回收。然而事实真的如此吗？现实中，并不是所有的塑料制品都会被回收。以塑料书皮为例，大多数的塑料书皮是以聚丙烯（PP）为原料制成的，塑料回收代码是 5。这种塑料在日常生活中应用广泛，如瓶子、绳索等。它除刚性和耐热的特点外，还能防水，因此也是食品包装的理想材料。理论上来说，聚丙烯材料是一种容易被回收的聚合物，能够被回收制成纤维和颗粒，然而这种塑料却是回收率最低的塑料之一。这是由于此类产品的形状、尺寸、颜色多种多样，并且添加了其他非 PP 材料而污染了其回收流，因此难以分类。

（三）中国绿发会发起"无塑开学季"倡议

中国绿发会自开始出现塑料书皮安全健康问题时就持续关注它，多次提出"无塑开学季""向塑料书皮说'不'"的倡议。

2019 年伊始，中国绿发会"减塑捡塑"工作组在征集塑料书皮使用情况问题时，收到多封家长来信，反映学校要求学生包塑料书皮，有的甚至是强制要求。中国绿发会在收集到各方家长反馈的信息以及详细了解情况后，立即向有关部门致函，反映中小学广泛存在的包塑料书皮情况，以及使用塑料书皮可能带来的健康以及环境方面的危害，并针对此问题提出几条建议：

（1）要求各中小学停止使用塑料书皮，这也符合国家节约资源、保护环境的倡导；

（2）建议在课本封面印刷"塑料书皮浪费资源、破坏环境"等宣传用语；

（3）建立书本可循环利用机制，让书本可持续利用起来。

发函后，相关部门在了解情况后对此表示十分重视。2019年8月，相关部门邀请中国绿发会与中国科协有关部门共同就塑料书皮问题展开讨论。在各方的不断努力下，2019年10月教育部联合市场监管总局、中国科协、生态环境部发布《关于在中小学落实习近平生态文明思想、增强生态环境意识的通知》（以下简称《通知》），其中第三条："努力实现'无塑开学季'。使用塑料容易造成白色污染，有些不合格的塑料书皮含有甲醛和苯，对于儿童的神经系统和体格发育有负面影响。根据国家'限塑'要求，努力实现'无塑开学季'，学校不得强制学生使用塑料书皮，尤其不能使用有问题的塑料书皮。"

（四）最终取得的成果

《通知》在一定程度上推动了"无塑开学季"的进程。中国绿发会也在《通知》发布后持续关注"无塑开学季"的相关动向，然而，因为倡议并非强制性的，到目前为止，包塑料书皮的现象并没有很大程度的改善，但学校已经不会强制要求学生包塑料书皮。

塑料书皮背后的健康和资源浪费问题值得我们深思。虽然商家的推销、孩子之间为了合群而产生的从众心理会在一定程度上推动青少年选购书皮，但学校在其中也起到非常关键的作用。由这类事件我们看出，强制要求使用塑料书皮侵害了学生和学生家长的绿色消费权，塑料书皮也污染环境，危害学生健康。

与塑料书皮类似，中国绿发会还曾关注过校园塑胶跑道问题。塑料跑道存在的质量问题及有毒、有异味情况，接连导致部分学生出现流鼻血、过敏、头晕、恶心等症状，严重危害到学生健康成长。中国绿发会在收到家长举报，了解事件详情后，通过向出现此事件的学校发函、提起公益诉讼等措施推动了塑胶跑道事件的解决。实际上，解决"毒跑道事件"的过程耗费了近十年的时间。鉴于此经验，我们相信塑料书皮问题也会在未来引起社会广泛关注并得到妥善解决。

未来，通过倡议、曝光和更严格的监管标准，我们有望在使用书皮的同时减少对健康和环境的潜在危害。学校、家长和社会各界应共同努力，寻找更环保、安全的包书方式，为下一代创造更健康、可持续的学习环境。

二　从默认发放的一次性瓶装水，到"光瓶行动"与绿色会议

"光瓶行动"是指在会议、展览等活动中，倡导不默认提供一次性的瓶装饮用水，代之以按需提供饮用水，或者鼓励参与者自带水杯、现场提供饮水机、提醒与会者带走喝不完的"半瓶水"等措施，来减少一次性瓶装水的使用。"光瓶行动"旨在深化全社会的节水意识，减少一次性塑料制品的使用，践行绿色生产生活方式，推动生态文明建设与绿色发展。通过宣传标识、实施绿色会议标准、媒体曝光、节水教育等多方面手段，营造"光瓶行动"理念，引领人们在日常生活中更加珍惜每一滴水资源，为可持续发展贡献力量。

（一）从会议中默认"发放一次性瓶装水"说起

在众多的会议和展览中，有一种现象越发引人关注。那就是"发放一次性瓶装水"被当作默认选项，成为各类活动组织中的"标配"服务。这看似稀松平常、便利与会者的做法，却在无形之中酿成了"生态麻烦"。

首先导致了不必要的水资源浪费。一次性塑料瓶的生产过程需要大量淡水，而在全球范围内，有 20 多亿人长期面临饮水困难。这样的浪费在当前全球水资源日益紧张的情况下显得尤为不合理。此外，在各种会议中，大量的一次性瓶装饮用水在被打开后并未被喝完，有的甚至没有被打开就直接在会后被打扫会场的服务人员作为垃圾清理掉。

其次，这种做法也导致了一次性塑料的大量投入和浪费，从而增加碳排放。塑料瓶子用完就扔，而制造瓶子的过程中涉及化石原料的开采、加工、运输等环节，造成浪费。与此同时，这也引发了后续的一次性塑料包装污染，许多被弃置的塑料包装物成为土壤、水域和空气中的环境污染源。

（二）《绿色会议标准》团体标准的制定

为了减少资源浪费，中国绿发会标准工作委员会积极推动"绿色会议"举措，并于 2019 年 6 月 20 日发布了团体标准《绿会指数》，该标准于 2019 年 6 月 25 日正式实施。随着国务院于 2021 年 2 月颁布《关于加快建立健全绿色低碳循环发展经济体系的指导意见》，以及网络会议的不断发展，为更好地适应现代化的会议模式，中国绿发会标准工作委员会于 2021 年 1 月决定对《绿会指数》（T/CGDF 00001—2019）团体标准进行修订，将其更名为《绿色会议标准》。

经过多次专家讨论和评审，修订后的《绿色会议标准》（T/CGDF 00027-2021）于 2021 年 9 月 2 日发布。该标准不仅扩大了适用范围，更深入地指导会议组织者实施"绿色会议"举措，其中就包括落实不默许发放一次性瓶装水的举措。《绿色会议标准》已被多个重要会议采纳，包括国际基因组学大会（ICG）、中国计算机大会，以及 2023 年国际气候会议（ICCOP 2023）、第十三届可持续畜牧业全球议程多方平台会议（中国区）等。通过这一举措，中国绿发会标准工作委员会为推动环保、减少资源浪费在各类会议中的实践起到了积极的引领作用。

2023 年，《绿色会议标准》助力打造杭州亚运会淳安赛区绿色亚运会标志性成果，组委会在《淳安县打造绿色亚运标志性成果工作方案》（以下简称《工作方案》）中积极参考并采纳《绿色会议标准》内容。《工作方案》中明确指出："会务活动中，执行绿色会议标准，适当减少沿途的彩旗、彩球等一次性物料使用，印刷活动资料等根据情况适当减少或改用电子版本，鼓励自带水瓶、减少一次性矿泉水瓶使用。"

（三）会议桌上瓶装水浪费

中国绿发会"减塑捡塑"工作组，自 2016 年以来在多个会议中心等地进行了暗访、统计。根据长期的数据统计，了解到一次性瓶装水的浪费情况。举例来说：根据某会议中心官网发布的数据，该国家级会议场所在 2009 年 11 月至 2017 年年底累计接待 3500 万余人次，平均每年超过 430 万人次。按每天上午和下午各一瓶水的保守估计推算，每年耗费 800 多万瓶水。"减塑捡塑"工作组调研人员通过长期观察发现，这个场所的一次性瓶装水的浪费率至少在 20%，据此计算，仅此一地一年便浪费 160 万瓶水。据此，保守估计全国瓶装水浪费每年在千万瓶以上。

2021 年"世界水日"前夕，中国绿发会"减塑捡塑"工作组联合新华社天津分社调查组，针对会议桌上每年浪费上千万瓶水的现象进行了深入调查。调查发现，3 月 20 日在天津举行的一场学术会议中，会议室内有 28 个座位，但仅有 6 瓶水被喝光，15 瓶是"半瓶水"。而在会议室门外的签到处，还发现了 2 瓶被随手丢弃的"半瓶水"。

随后，2021 年 3 月 22 日"世界水日"当天，新华社发布了《每年上千万瓶"半瓶水"被扔掉，会桌上的浪费何时休？》的报道。文章通过揭示这一令人震惊的浪费现象，公开呼吁全社会举办绿色会议，将节约水资源的理念付诸实际行动。"减塑捡塑"工作组发起了倡议，要求各类会议的与会者在会后带走喝不完的瓶装水，为减少浪费共同努力。报道一出，立刻引起了强烈的社会反响。

（四）北京市发布"光瓶行动"倡议书

2023年3月底，北京市发布了《珍惜每滴水，光瓶饮水我们在行动——倡议书》文件，旨在引导市民养成"光瓶饮水"的良好习惯，减少瓶装饮用水的浪费，共同建设文明、节水的新风尚。

该倡议书提到，北京作为严重的资源型缺水城市，水资源供需矛盾仍未得到根本解决。虽然南水北调工程在一定程度上缓解了水资源短缺的问题，但水资源短缺依然是首都必须面对的基本市情。为了贯彻落实习近平总书记的治水思路和城市发展原则，北京市积极响应国家节水行动，倡导全面推进节水型社会建设，以此为保障首都经济社会可持续发展和水安全的根本之策。

随着中国经济社会的迅速发展，瓶装饮用水的需求量不断增加，中国逐渐成为全球最大瓶装饮用水市场。然而，伴随着瓶装饮用水销售量的快速增长，水资源的浪费问题日益严重。据报道，中国每年在会议场所浪费的瓶装水数量达上千万瓶，其中仅北京一年的浪费就超过1200万瓶。这种严重的浪费让人不禁深感痛心。

为此，北京市提出了以下倡议：一是在饮用水使用重点场所，积极开展"光瓶行动"，建立节水机制，杜绝水资源浪费。二是倡导自带水杯参会，必要时提供小瓶水，并在提供瓶装饮用水的会场设置"光瓶行动""喝完每瓶水"等宣传标识，提醒参会者节约用水。三是利用各种宣传手段，常态化进行形式多样的节水宣传，营造节约用水的社会氛围。该倡议书呼吁市民从点滴做起，通过"光瓶行动"引导全社会形成节水、爱水、惜水的良好生产生活方式。希望通过这一倡议，作为大国首都的北京能变得更美丽，为子孙后代留下更加美好的生存家园。

（五）天津市就"光瓶行动"制定工作方案

2021 年 6 月，天津市水务局会同市委宣传部、市教委、市工业和信息化局、市商务局、市文化和旅游局、市机关事务管理局联合印发《关于开展节水"光瓶"行动工作方案》（以下简称《工作方案》），深入贯彻习近平总书记关于系统治水的重要论述，全面落实党中央、国务院关于加强节约用水工作的决策部署和市委、市政府部署要求，以开展节水"光瓶"行动为契机，全面深化节水型社会建设，增强广大市民水忧患意识，形成节约用水的社会风尚。

《工作方案》明确规定，天津市要求党政机关、事业单位、高等院校等在举办各类活动时，除特殊需求外，不提供瓶装饮用水。对于特殊需求，应提供小瓶饮用水，并按需取水。此外，《工作方案》还提到了倡导自带水杯、会场设立"光瓶"宣传标识、建立监管制度等措施，以加强对"光瓶行动"的执行。《工作方案》还对瓶装饮用水生产企业提出了要求，要求其根据市场需求生产小瓶饮用水，并在包装上印刷节水宣传标语和标识，引导消费者节约水资源。在媒体方面，《工作方案》明确要求加大对瓶装饮用水浪费行为的曝光力度，组织主要媒体和区级媒体中心记者下沉一线，及时发现并曝光瓶装饮用水浪费行为，形成有力的舆论监督。

为进一步推动"光瓶行动"，天津市提出了多项具体措施，包括加大节水教育宣传推广力度，将节水教育纳入国民教育体系、通过各类媒介定期免费播放节水宣传广告，以及推广普及节水产品等。最后，《工作方案》强调要开展专项检查，将"厉行节约、反对浪费"纳入各类规范，实现全覆盖，确保各群体、各领域都能充分了解并遵守"光瓶行动"理念。

（六）"光瓶行动"：从倡议、政策、执法到行动

事实上，"光瓶行动"也在执法层面开始落实。据报道，

2023 年 3 月 7 日，江苏南京的一家酒店在举办完一场 48 人的会议后，因倒掉了 43 瓶已经开封但未喝完的矿泉水，未张贴反食品浪费标识且未及时提醒客人避免浪费，受到南京市市场监督管理局的责令整改。这一事件发生在第三十一届"世界水日"来临之际，此举对于引导全社会提升惜水护水意识具有重要的示范意义。

总体来说，从倡议、政策、执法到每个公民的自觉行动，"光瓶行动"正在推动社会各界共同努力，建立起珍惜水资源、减少一次性塑料污染的绿色生产生活方式。

三　从自带杯子买饮料，看绿色消费新趋势

喝一杯饮料，扔掉一个杯子——从什么时候开始，这种做法成为令人视而不见的"理所当然"？具体时间点恐已难考，但在资源环境代价日益沉重的当下，越来越多的人已经开始反思这种做法的合理性。

近年来，环境污染、气候危机、生物多样性急剧丧失等全球性危机引起了国际、国内社会的广泛关注，其中一次性塑料杯的使用与废弃成为热议的话题，世界各国为了开启新的防治塑料污染环境的国际条约也展开了多轮谈判。在日常消费中，包括一次性杯子在内的一次性用品的生产、使用以及处理过程中产生的废弃物给地球带来了巨大的环境负担。在这个背景下，"绿色消费"从萌芽到蔚然成为，许多人（尤其是青年人）日益行动起来。

在这一潮流中，"自带杯子买饮料"成为一种引人注目的绿色消费方式。"绿色消费"是指以对环境负责任的态度进行消费，这种方式已经不再仅仅是一些环保主义者的选择，而是越来越多人的共识和自觉行动。在这里，我们将探讨"自带杯子买饮料"这一绿色消费趋势，探究其背后的原因以及这种消费行为对环境和经济社会的双重影响。通过这个小小的购物选择，我们或许可以更清晰地认识到每个人在环保事业中所能发挥的独特作用。

（一）餐饮业的一次性塑料杯使用现状

一次性塑料杯在餐饮业广泛使用。因为它们具有轻巧、方便，且价格相对低廉等特点，许多餐馆、咖啡店、快餐店和其他餐饮场所多年来一直在采用一次性塑料杯（作为一种默认设置）。当前，中国市场上的一次性杯子包括塑料杯和带有塑料防水膜的纸杯，使用量庞大，带来了严重的环境污染和大量资源浪费。其中，所谓的"纸杯"很大程度上含有塑料成分，而且其回收率极低，成为一种难以处理的一次性制品。

2019 年年底央视发布的《咖啡纸杯用完去哪了？纸质"杯具"环保"悲剧"？》报道揭示了一个问题：这些含有塑料的纸杯在被丢弃后，由于分拣成本极高，事实上很少被回收，最终只能被当作垃圾焚烧处理。这一现象凸显了一次性塑料杯使用对环境带来了巨大的负面影响。因此在面对这一挑战时，我们需要思考如何从根本上减少一次性塑料杯的使用，以降低塑料污染和资源浪费，推动可持续发展的目标。

仅以一家连锁店的数据为例。根据《21 世纪商业评论》的报道，截至 2022 年 3 月 2 日，某咖啡品牌连锁店累计服务了近 1.35 亿位顾客，卖掉了 9 亿杯各种饮品，几乎全部采用一次性杯子。可见，每年的一次性杯子用量是一个相当庞大的数字。

（二）塑料污染的"人本解决方案"：自带杯和绿色消费

2016 年，中国绿发会"减塑捡塑"工作组多次接到消费者来信，反映在一些快餐店、咖啡店等餐饮店，商家为了自己操作方便，拒绝消费者自带水杯买饮料。从追求最大化利益角度看，商家通常并不喜欢消费者自己带杯子来买饮料——因为这样给店员带来了额外的工作量、拖慢了处理订单的速度。后来，"减塑捡塑"工作组调研人员前往多个餐饮店以自带杯买饮料进行调研，也大多遭到拒绝。

最早鼓励消费者以自带杯来促进"绿色消费"的商家是某品牌咖啡店。该店推出了"自带杯减 4 元"的政策，以一杯咖啡 25 元价格计算，自带杯则支付 21 元。这一举动在接下来带来了良好的口碑，也随后引起了多个饮料品牌的效仿。

2018 年，中国绿发会秘书长周晋峰在"硅谷高创会"上发表演讲，倡导"绿瓶行动"。他强调了减少使用塑料瓶的重要性，倡导"少用塑料瓶"和"自带水杯"等环保做法，并呼吁"人人行动起来"。这是一种自下而上的主张消费者"绿色消费权"、减少塑料污染的做法。

"绿色消费权"是指消费者在购买商品或服务时，以对环境和社会负责任的态度，积极选择对环境友好、可持续发展的产品或服务的权利。这一理念强调了消费者在购物决策中的自主选择，及其行为的环境责任和社会责任。绿色消费权的实践包括选择使用可再生资源、减少一次性消费品使用、支持环保认证的产品等，是消费者积极主动地参与可持续消费的过程。通过行使这一权利，消费者能够在市场中发挥引导作用，促使商家和生产者更加注重环境责任和社会责任，从而实现可持续发展目标。自带杯子买饮料，则是绿色消费权在日常生活中的具体体现之一。

自带杯，环保行。在环保人士、社会组织的呼吁，以及媒体的持续关注和相关政策和潮流风尚的推动下，自带杯买饮料的趋势不断升温。尤其是在年轻人中，自带杯已经成为部分人的一种新的生活方式。这个简单而实用的做法，既利己又利他，正在逐渐引导商业和市场提供更多绿色消费的选择。通过自觉的、主动的实践绿色生活方式，每个人都在为创造更加绿色的消费习惯和市场环境共同努力，为可持续未来贡献力量。从自带杯买饮料，我们看到绿色消费的新趋势已经融入人们的日常生活，预示着更加环保友好的未来正悄然到来。

四　外卖包装的塑料污染治理与创新实践

小小的外卖包装，却是不可小觑的环境问题。你是否注意过，点一次外卖能够产生多少塑料垃圾呢？有的商家为了保证餐品的口感，会将一顿餐食用几个餐盒或塑料袋进行打包外送。有记者调查过餐饮店、零售店、菜市场等使用外卖平台进行售卖的商家，结果显示普通小型餐饮店餐盒的每日使用量在七八十个到上百个不等。可见，外卖行业的兴起与塑料污染问题密切关联。

（一）外卖行业的塑料垃圾

外卖包装产生的塑料污染，不仅仅是包装袋，还包括餐盒等餐具。外卖餐盒主要分为普通塑料类、泡沫塑料类以及纸类等。据报道，2020 年中国外卖行业共产生了 170 多亿份外卖订单，平均每份订单包含 3.44 个餐盒，其中近 70% 是塑料餐盒；90% 的订单包含 1 个塑料包装袋。已有研究表明，2020 年中国外卖行业共产生了 160 万吨塑料垃圾。《外卖业包装塑料环境影响及回收循环研究报告（2021）》显示，中国主流互联网外卖平台订单量从 2015 年的 17 亿份增长到 2020 年的 171.2 亿份，消耗/废弃的塑料从 2015 年的 5.7 万吨增长到 2020 年的 57.4 万吨，五年增长 9 倍。这些数据仅仅是中石化联合高校科研机构进行的估算，实际上产生的塑料垃圾可能远超这些数据。

目前，还没有关于有多少外卖塑料垃圾被回收的官方数据。但根据新闻报道，2022 年两大外卖平台的塑料回收量仅有几百公斤，相较于每年产生的几十万吨的塑料消耗量，犹如杯水车薪。剩余大量的外卖塑料垃圾被混入生活垃圾当中，最终进入垃圾填埋场被填埋或焚烧。

（二）公益倡议

中国绿发会倡导人们选择自带餐具等符合生态文明理念的健康生活方式，减少餐桌上的白色污染。在倡议提出后，外卖平台以及一些餐厅都采取了一些环保措施，如推广可降解材料的餐盒、提供可持续性包装、鼓励顾客自带餐具等以减少一次性塑料的使用。

外卖包装的塑料垃圾治理是一个综合而复杂的过程，需要社会各界的共同努力。中国绿发会在这一过程中通过公益诉讼，以及发起公益倡议、公益活动等一系列积极的行动和创新举措，努力推动绿色消费以减少塑料污染。然而，这仅仅只是一个开始，我们需要社会各界的持续关注并采取更多措施，以确保我们的生活环境不会被塑料垃圾淹没，而是变得更加清洁、健康和可持续。

1. 具体案例

2017 年，环保公益组织重庆市绿色志愿者联合会向北京市第四中级人民法院对三家外卖订餐平台主体公司提起了公益诉讼。诉讼理由是外卖订餐平台未向用户提供"是否使用一次性餐具"的选项，系统会默认为其配送一次性餐具，造成了巨大的资源浪费和极大的生态破坏。重庆市绿色志愿者联合会认为，消费者在购买外卖时被强制配送筷子、勺子等一次性餐具，商家未给予消费者选择的权利。这是一起典型的环境污染民事公益诉讼案件。

此后，A 外卖平台在 APP 上增加"不需要一次性餐具"的选项，鼓励用户参与"自备餐具"，减少筷子、餐巾纸等一次性餐具的使用；B 外卖平台给用户提供了"无需餐具"选项，同时出台了多个举措奖励环保用户；C 外卖平台也设置了"需要"或"不需要"一次性餐具选项，并给出了相关环保计划。三家外卖订餐平台及时更新完善了经营管理，使其经营更加符合保护生态环境的要求。

最终，点餐平台界面上设置了"需要"或"不需要"一次性餐具选项，平台也与相关公益组织达成合作，共同治理外卖垃圾污染问题。重庆市绿色志愿者联合会认为已经初步达到了诉讼目的，撤回了起诉。可以说，公益诉讼的效果是明显的，从一定程度上缓解了一次性餐具所造成的生态环境问题。

2. 案例分析

作为中国首例由社会组织提起的针对外卖订餐平台主体公司的环境公益诉讼案件，一经发起便在社会各界引起关注，人们开始重新审视外卖带来方便背后的生态环境问题。其实，关于谁应该对外卖一次性餐具使用负生态环境责任，学界有不同的看法。但有一点可以肯定的是，外卖平台和一次性餐具生产企业是获利方，如果能够切实承担起回收和再利用的责任，对生态环境来说将是一件幸事。以塑料餐具为例，通过回收再加工，形成循环利用链条，将极大地降低塑料制品对环境的危害，同时达到降本增效的目的。

在 2021 年全国"两会"上，就有代表提交了有关外卖污染问题治理的提案。中国绿发会在多年环境治理实践中发现，关于外卖一次性餐具、包装等减量的政策是缺位的，且主管部门权责并不是十分清晰，极易形成外卖平台等各相关方责任不明的局面，外卖一次性餐具、包装等治理仍处于责任主体"无法可循"、执行主体"无法可依"的困境。回收、可降解塑料的替代方案也问题重重，难以根治包装污染问题，循环餐具有待发展。

（三）3R 原则

一次性餐具、包装等外卖污染问题治理同样可以遵循 3R 原则。3R 原则指的是减量化（Reduce）、再利用（Reuse）和再循环（Recycle）三种原则的简称。

1. 减量化原则

破解一次性餐具、包装等外卖污染问题可以从减量上下工夫。在具体实践中主要有两个方向：一是商家、外卖平台、一次性餐具制造商等相关既得利益者，需要注意节约资源和减少污染，减少一次性塑料制品的生产与使用，寻求可降解塑料等替代方案。二是消费者，要切实推动自我消费理念的革新。人类为了追逐更多利润，或为了满足各种虚假需求，进而无限制地榨取自然资源，导致了人与自然关系的对立，打破了人与自然的和谐关系，与之而来的是自然对人类的"报复"，人类生存和发展严重受限。要破解一次性餐具、包装等外卖污染问题，必须要在人的消费理念上实现变革，真正实现从消费端减量。

2. 再使用原则

再使用原则要求商家、外卖平台、一次性餐具制造商等相关既得利益者在制造或使用一次性餐具、包装等时，能够考虑到其被反复使用的现实需求。探索对一次性用品的改造升级进而再使用，将有助于解决当下一次性餐具、包装等外卖污染问题。生产者在设计外卖餐具或包装时，应该将其作为日常生活器具来设计，使其可以被重复使用。这样可以更加有效地解决外卖中一次性用品泛滥的问题。例中，可以将奶茶、咖啡等包装袋拆开后轻松组装成餐巾纸包装盒，或将牛奶盒（袋）上设置密封条洗净后可做肉类保鲜袋。

3. 再循环原则

按照循环经济的思想，再循环有两种情况：一种是原级再循环，即废品被循环用来产生同种类型的新产品，如用报纸再生报纸、用易拉罐再生易拉罐等；另一种是次级再循环，即将废物资源转化成其他产品的原料。原级再循环在减少原材料消耗上达到的效率要比次级再循环高得多，是循环经济追求的理想境界。

再循环利用的核心是进行垃圾分类，也就是我们常说的"分拣"。例如一次性餐具中的木制筷子，完全可以通过回收打碎成木浆用于造纸，而一次性塑料盒可以打碎成塑料颗粒用于塑料的再生产和再循环，对于一些其他垃圾也可以通过焚烧等手段，实现能量的再利用。当下，全球有46%的塑料废弃物被填埋，22%变成垃圾，17%被焚烧，15%被回收，扣除折损后实际回收量不足9%。应对塑料污染问题需要系统性变革，必须从塑料产品的全生命周期入手，解决其根本原因，而非仅治标不治本。需要重新评估原料的提取和加工，对制造过程、包装、分销和废弃管理进行创新。推动一次性塑料餐具、包装的循环利用，对推动塑料污染治理大有裨益。

第三节 "美丽公约"之战塑足迹

一 什么是"美丽公约"

"美丽公约"即"美丽公约文明旅游保护环境公益行动"，

由中华人民共和国文化和旅游部主管的中国少年儿童文化艺术基金会主办，旨在通过创意新颖、精彩互动的系列活动号召游客文明旅游，保护环境，共同践行更加文明、绿色、健康、快乐的生活理念和行为方式，守护绿水青山。

2013 年以前，史宁（彩图 4）还不是公益人，从事旅游目的地宣传和城市品牌营销工作的他经常出差在外，在目睹旅游景区的一幕幕——情侣踩着垃圾拍婚纱照、沙滩上随意丢弃的方便面桶、游客争先恐后拿奶瓶喂鱼……史宁开始思考用大众品牌传播的方式，来一场声势浩大的文明旅游倡导活动。史宁找来了两位朋友——林间和刘畅。林间是广告人，拥有自己的广告公司，刘畅是纪录片导演，代表作有旅行纪录片《搭车去柏林》《一路向南》。三人凭着对旅行共同的爱好、对环境保护的一份责任心和对公益的一腔热忱，联合发起了"美丽公约"文明旅游公益项目，成为最初的"三捡客"。后来，随着中央电视台央视新闻主播纳森和资深户外媒体人柯庆峰的加入，"美丽公约"发起人增加到五人。

中国首位双义肢登顶珠穆朗玛峰的登山家夏伯渝对青藏高原有着非常亲密的感情，在多次挑战登顶珠穆朗玛峰时，也亲眼见证了人类活动给自然环境带来的不良影响。2017 年，夏伯渝毅然加入"美丽公约守护第三极"活动，成为"美丽公约"的公益形象大使。中国少年儿童文化艺术基金会会长阚丽君，环球冒险旅行家梁红、张昕宇夫妇，中央电视台新闻主播纳森也相继成为"美丽公约"的公益形象大使。

2024 年，"美丽公约"已经发展成了一个有体系的公益组织。在管理方面，有发展委员会、专家成员为"美丽公约"提供指导建议，使"美丽公约"更健康地发展。在执行方面，有驻站志愿者服务队进行一线的垃圾清理与宣传工作。在运营方面，所有工作都有执行团队做支撑，解决运营中遇到的问题。经过十年不断的实践探索，总结出应对边疆地区垃圾清理难题的"358"解决方案，北京大学环境科学与工程学院韩凌教授的加入，也使方案更加有科学依据。

二　为什么选择去青藏高原捡垃圾

全球 14 座 8000 米以上的山峰里，中国青藏高原就有 5 座。这是地球上最高的地区，它还有另一个名字——地球第三极。和气候极寒的南极、北极一样，青藏高原极端气候多、气候苦寒、昼夜温差大。

在这样恶劣的自然环境中，有一群人穿越在雪山、湖泊与牧场之间。过去九年，他们一直在做一件事——捡垃圾。他们就是"美丽公约"人,一个致力于自然环境保护的公益行动参与者。2015 年起,"美丽公约"逐步发起了"擦亮天路"与"守护第三极"等专项策划活动,回收废弃塑料瓶 70.384 吨,累计 2674592 个。

这些塑料瓶如果遗留在景区里,要经过上百年才能被分解,且分解过程产生的微塑料会造成水土污染,破坏生态系统。最终会通过水源、植物到达动物和人类体内,导致疾病甚至死亡。

十年前开始,史宁便致力于环境保护公益与宣传活动,也想切实为破解中国的环境问题做点什么。2015 年 6 月,史宁沿着滇藏线,向拉萨进发。这次出行,他的目的是看看青藏高原的环境情况与垃圾问题。

史宁花费了一个月的时间,靠徒步与搭车的方式,从云南香格里拉出发,到梅里雪山,又到拉萨。一路上,他目睹了憧憬着远处雪山与布达拉宫的朝圣者与背包客,而一旁却是遍地的垃圾,当地的孩子在垃圾堆边玩耍,动物在垃圾中觅食的情景。这条天路上,布满了各种生活、旅游、工业垃圾。尤其在梅里雪山的卡瓦格博峰,沿着山体倾倒的垃圾堆成一片,这是囤积了多年的垃圾。

垃圾问题,是青藏高原地区的"痼疾"。史宁以梅里雪山地区为例，说这里一直有一些典型的污染地，并不是当地居民与政府不愿意改善环境，而是在高原地区垃圾处理难度极大。清运部门虽然有垃圾专车，定期去乡镇清运居民的生活垃圾，可青藏高原地区动辄大雪或大雨，道路封闭，垃圾运输车很难保障在固定时间内来清运，有时甚至一个月都进不来。遇到这种情况，老百姓只好将生活垃圾堆放在门口，三天就堆满了。他们只能像过去一样，将垃圾丢下山去。久而久之，有些山沟成了垃圾池。藏地的很多乡镇，都有一个长年形成的垃圾死角。回京后，史宁与两位同伴刘畅和林间商量要为解决高原的环境问题出一份力，三人一拍即合。

经过对青藏高原的调研和不断探索，2015 年，三人先后在北京发起"美丽公约　擦亮天路""美丽公约　蓝丝带行动"，从捡拾垃圾开始，清理进藏公路沿线垃圾，以及面向全国进行推广，号召进藏游客与当地居民践行垃圾不落地，并力所能及地捡拾垃圾。

青藏高原在整个亚洲起到了水源汇聚和分发的功能，是亚洲许多大河的发源地，也是中国最主要的两条河流——长江和黄河的发源地，因此我们称它为"亚洲水塔"。"亚洲水塔"汇聚来自高山的冰雪融水和丰沛降水，而这些水源源不断地从高原流出。她哺育了高山的森林、草地，也给下游的绿洲、农田带来了充沛的水分，哺育了从东南亚到南亚、中亚西部的十几亿甚至二十多亿人口。

同时，青藏高原是中国典型的生态脆弱区。当生态环境退化超过了在现有社会经济和技术水平下能长期维持人类利用和发展的水平时，我们称之为脆弱生态环境。所以，在自然、人为等因素的多重影响下，脆弱生态环境系统抵御干扰的能力降低，一旦遭受破坏就会很难修复。因此，青藏高原的生态安全与每个人的生存息息相关。

因此，"美丽公约"这个2013年在北京发起的公益组织，自2015年起坚定了守护中华儿女的生命之源——地球第三极——的决心，以喜马拉雅地区为清理示范区域，以向全国推广文明旅游公益理念为行动目标。

三　"擦亮天路"，从"天方夜谭"到众人拾柴

2015年9月，"美丽公约"发起了第一次"擦亮天路"行动，一群宣传文明旅游的志愿者聚集在一起，迈出了行动的第一步——接力清理进藏公路沿线垃圾。

以西藏举例，就在史宁开始进藏捡垃圾的2015年，就有超过2000万游客进入西藏，每年仅是游客留下的垃圾就无法估

量。他的理想就像天方夜谭。

"我给自己 5 年，要把公益做出成果。"此时的史宁 40 岁，发愿要捡干净青藏高原的垃圾。史宁说，他放弃原先企业高管的工作选择做公益的理由，是想换一份能够对孩子言传身教的工作。这个念头在心里盘算了两年后，他毅然辞职，发起了"美丽公约"公益主题行动。

最初的阵容庞大，他带领的执行团队和一个跟拍的纪录片团队一共二十多人浩浩荡荡从云南大理出发，沿着滇藏线一直走到西藏然乌。这是一条经典的进藏路线，无论徒步、骑行、自驾，还是藏民磕长头都会走这条路线，沿途的垃圾自然也不会少。但是起初的进展，并没有想象的顺利。团队在大理古城、束河古镇发动游客捡垃圾，但团队费尽心思，游客却大多持观望态度。

转机出现在香格里拉。当沿着滇藏线来到香格里拉时，恰巧遇上当地的赛马节，现场聚集了上万观众，还有几十个帐篷提供饮料和食物。和前几站一样，团队在人群聚集的赛马节现场摆摊并发放徽章和环保袋。不同的是，这次团队成员把宣传目标对准了小朋友。藏族孩子格外热情，他们一传十，十传百，听说捡满一袋垃圾就能得到一个好看的徽章，就都参与进来捡垃圾，少的捡两三袋，多的捡十多袋。到后来，方圆 1 千米范围内，竟找不到一点垃圾。

孩子的行动会感染到大人。逐渐地，他们跟着孩子一起捡垃圾，也不好意思再把垃圾扔在地上了。赛马节结束，场地奇迹般地一点垃圾都没有剩下。

史宁说，当他看到孩子们簇拥着提着、背着、拎着装满垃圾的环保袋向自己跑来的时候，鼻子一下子就酸了。

在那一刻，他认定，这事一定能成。虽然在接下来的几年时间里，仍然不时有质疑声，但史宁总是一副云淡风轻的样子，说"美丽公约"的脚步不会停止，自己的后半辈子，就干这件公益之事了。

九年过去，史宁还在青藏高原地区捡垃圾，不过到现在"美丽公约"在西藏地区共成立 65 支志愿者服务队，有 6500 名以上的志愿者，捡拾范围覆盖拉萨、昌都、林芝、那曲、日喀则、山南、阿里等地；以"小手牵大手"为主要活动形式开展清理行动 2000 次以上，高原旅游垃圾分类回收工作深入各个村庄。他们共计募集到 472 万元，并且靠着志愿者的力量，仅废弃塑料瓶就已经捡了 2674592 个。如今，越来越多的人信他：这事儿能成！

其实这些年遇到的困难真不少，但总是靠着他那一股子愚公移山的劲儿，感动了身边愿意搭一把手的朋友。也在一些关键时刻，团队想出了力挽狂澜的解决办法。

在"美丽公约 擦亮天路"滇藏线一行之后的 2016 年，史宁和这个公益项目已经积攒了一定的影响力，但困境也随之而来——钱，花光了。

三年里，史宁"烧"光了自己近 100 万元的积蓄。但"美丽公约 擦亮天路"是个长期的行动，没有经费就意味着持续不下去。他决定自己干。于是，史宁在成都买了一辆二手摩托车，沿着川藏线一站一站地做调研，拍摄大量环境污染的照片，详细了解当地解决垃圾污染问题的办法，并一路寻找靠谱的机构或商家，鼓励他们建立"美丽公约"行动的宣传站点。

在西藏芒康，他发现公安检查站作为"美丽公约"的宣传站点最为合适。于是他就在当地待了 10 天，每天去公安检查站做宣传，最后公安检查站的公安干警全都成为志愿者，向每个进入芒康的游客发放环保袋，呼吁他们沿途捡垃圾。

这次调研历时 50 天，回到北京后，史宁马不停蹄地整理资料并上网做募集。随着网上募集逐渐走上正轨，筹到的款项又可以支撑"美丽公约"公益项目继续进行下去。史宁说，正是这次的经费困境，让他找到了"美丽公约"的出路。比起原先全靠企业捐款，网友的指尖公益更能让项目健康、持续地运转下去。

又过了三年，一场精心策划的行动让史宁和这个公益行动彻底火了。2019 年，史宁积累了丰富的调研成果，他和团队也完成了大量的捡垃圾活动。在这个基础上，史宁发起了"0.5 元计划"：任何一个人只要捐 5 毛钱，就可以把破坏西藏环境的塑料瓶"变废为宝"，循环使用。

很多人好奇，这 0.5 元是怎么算出来的。史宁在前期调研时发现，喜马拉雅地区是没有塑料制品处理站的，一直以来都采用填埋处理。所以他想到了一个"疯狂"的计划——把废弃塑料瓶运出西藏！

团队在西藏境内的很多个村庄设立临时垃圾分类点，废弃塑料瓶每储存到 500 千克，团队设在林芝鲁朗的志愿者服务站就会派车翻山越岭把它运走。当汇总达到 10 吨时，就把它们集中运送到成都进入回收体系循环再利用。从宣传动员到捡拾清理算下来共需要八个环节，每个塑料瓶的成本就是 0.5 元。

借着这股蓬勃的势力，"美丽公约"眼见将要步入正轨，可偏偏同年年底又遇到了疫情这只"黑天鹅"。

疫情以来，"美丽公约"遇到多重困难，志愿者多次滞留基地，青藏高原地区游客也逐渐减少，无法进行环保宣传。负责人反馈募集到的资金也越来越少，靠新媒体传播募集到的捐款金额只有原来的20%。

内外交困之下，"美丽公约"团队通过直播找到了解决办法——在抖音公益直播捡拾垃圾的过程，让公众了解真实的情况，发起"0.5元计划"，号召共同行动让遗落在青藏高原地区的一块块垃圾消失。青藏高原地区的"天路"，有了继续被擦亮的希望。

四　持续健康的发展

作为一名前传媒人，史宁明白，要想解决问题，就得让更多的人了解他们在做什么。他认为大部分人心中都有环保的意识，只是不知道如何付诸行动，也很难感知到相关的公益组织具体在做什么。

于是2018年5月11日，"美丽公约"发布了第一条抖音视频，让更多人得以见证：这条曾垃圾遍布的进藏"天路"，正在一寸寸被擦亮。

史宁策划的"蓝丝带行动"，也让越来越多的人具备了保护环境与文明出行的意识。"美丽公约"与进藏的公安检查站合作，让志愿者给来往车辆系上蓝丝带，号召每位进藏游客承诺文明旅行，绝不乱扔垃圾。如今，"蓝丝带行动"正逐步向全国推广。

那一年，随着全国 12 个城市的志愿者的发展，西藏林芝地区志愿者开始踊跃行动起来了。他们都是来自当地乡村的志愿者，成立了 35 支服务队，对整个林芝地区的乡村进行了彻底的清理。他们的行动鼓舞着执行团队的每一个人。

2019 年，"美丽公约"与西藏林芝鲁朗风景区管委会达成合作，将林芝鲁朗小镇作为"美丽公约　擦亮天路"志愿者实践基地，建设全国首个"美丽公约"文明驿站、教育基地，在全国范围招募驻站志愿者，深入推进"擦亮天路""守护第三极"项目。

从 2019 年开始到 2023 年，"美丽公约"已经招募全国驻站志愿者共 22 期，他们在基地的工作主要是向全国游客推广"美丽公约"的理念，把一线志愿者的行动事迹传播给更多的人。

第四节　"蓝色循环"之地球卫士

在中国东海岸边，有一个名叫浙江台州的地方。这里的人们世代以海为生，海洋给予了他们无尽的宝藏和生活的希望。然而，随着时间的推移，一些不速之客——海洋废弃物——悄然侵袭了这片美丽的海域，"领头"的入侵者就是顽固的塑料垃圾。它们不断涌入海洋，缠绕着珊瑚，堵塞着鱼儿的家园，甚至被误食进入海洋生物的体内，破坏着海洋生态系统的健康。

海洋，这个曾经孕育无数生命的摇篮，如今却面临着前所未有的威胁。随着经济的快速发展和沿海城市化进程的加速，海洋废弃物这一问题变得日益严峻。塑料、木材、渔网、生活垃圾等海洋废弃物不仅对海洋生态系统造成破坏，也对人类健康和海洋资源开发构成威胁。根据生态环境部在全国近岸区域开展的海洋垃圾监测结果，海洋垃圾中数量最多的为塑料类垃圾，占比约在85%，主要为塑料绳、塑料碎片、塑料薄膜、塑料瓶等。因其对人类和环境造成严重的危害，且收集难度大、处置成本高、回收利用率低，海洋塑料废弃物治理一直是全球性环保难题。

面对这一困境，台州这个向海而生的城市并没有选择沉默和逃避。人们挺身而出，以创新的思维和方法，为海洋治理开辟一条全新的道路。于是，"海洋废弃物数字化治理蓝色循环应用"（以下简称"蓝色循环"）项目应运而生，它像是一位神奇的魔法师，为这些废弃物开启了一段奇妙的变身之旅。

一　海洋的哭泣：废弃物的困境与挑战

在台州的沿海地区，每当潮汐退去，海滩上总会留下一片片令人触目惊心的塑料垃圾，这些垃圾不仅破坏了海滩的美景，更对海洋生态系统造成了严重的威胁。传统的海洋废弃物治理模式主要以政府为主体，然而却面临着收集难、处置难、监管难等多重难题，且公众的参与度也相对较低。传统的海洋垃圾处理方式往往依赖人工收集和清理，但这种方式效率低下，难以覆盖到所有的海域，加之海洋环境的特殊性，使垃圾的收集和处理难度都相对较大。此外，传统的处理方式也缺乏有效的监管机制，导致垃圾的源头难以追溯，处理效果也难以评估。面对这一系列问题，如何有效地解决海洋垃圾污染问题，成为台州面临的重大挑战。

二　数字化魔法："蓝色循环"的诞生与创新

在台州某港口，一座座智能化的"海洋云仓"矗立岸边，它们如同海洋的守护者，24小时不间断地工作。这些"海洋云仓"内置先进的压缩和破碎系统，能够自动对收集到的海洋塑料进行初步处理，大大减少了运输和后续处理的成本。据统计，自"海洋云仓"投入使用以来，该港口的海洋塑料收集效率提升了近50%，处理成本降低了30%。

这就是为了破解海洋废弃物的困境，台州创新治理模式，以数字赋能海洋治理的缩影。"蓝色循环"项目，将数字化技术引入海洋废弃物的治理中，标志着台州在海洋治理领域的一次重大创新。该应用以数字化技术为核心，通过一系列巧妙的措施，实现了对海洋废弃物的精准治理和有效监管。

为了加强海洋污染防治工作，"蓝色循环"项目全面归集了来自国家、省、市等多个系统的船舶基本信息、监督检查信息以及船舶信用信息等数据，构建了一个庞大的海洋污染防治数据库。这个数据库如同一个超级大脑，能够实时掌握海洋废弃物的动态信息，为后续的治理工作提供了坚实的数据支撑。同时，为进一步提升治理效能，还打造了一个海洋废弃物治理平台，该平台犹如一个指挥中心，实时接收并处理来自各种渠道的信息。一旦海上船舶或近岸海域出现废弃物，平台便会自动提醒船主或相关责任人进行申报和处理。它还能根据废弃物的种类、数量等信息，自动制定出最优化的转运和处置方案，使海洋废弃物的治理工作变得更加精准高效。除此之外，"蓝色循环"项目还创新性地构建了一个"三色码"污染监管体系，它如同一个信用评价体系，对辖区内的登记船舶进行红、黄、绿"三色码"赋分评价。系统会根据船舶的申报纳污情况自动赋予相应的颜色码，并进行分类监管。这种创新性的监管方式不仅极大地提升了船舶的自我管理能力，也显著加大了政府对船舶污染的监管力度。

三 三大核心体系：打造"蓝色循环"的魔法石

"蓝色循环"项目之所以能够如此神奇地治理海洋废弃物，是因为它构建了三大核心体系，这三大体系就像三块魔法石，赋予了"蓝色循环"无尽的魔力。

（一）海洋数字治理监管体系：源头监管与精准治理的魔法石

这一体系是"蓝色循环"项目的基础，实现了对海洋废弃物的源头监管和精准治理。通过全面归集各类数据，形成海洋污染防治数据库，为后续的治理工作提供了有力的数据支持。同时，打造海洋废弃物治理平台，实现对废弃物的实时监管和最优化处理。构建"三色码"污染监管体系，对船舶进行分类监管，提高了船舶的自我管理能力，加大了政府监管力度。

（二）海洋塑料交易增值体系：资源化利用与高值交易的魔法石

这一体系是"蓝色循环"项目的核心，实现了海洋废弃物的资源化利用和高值交易。海洋塑料全流程数字化溯源，确保了海洋废弃物在各环节流通信息的真实、可靠和可溯源。推动国际化认证，完成高值交易，让海洋再生塑料制品以高于传统再生塑料的价格进行采购回收。开发塑料信用推动高值利用，即将回收利用的海洋塑料转化为塑料信用，在国际减排市场进行交易并获得收益。这样一来，海洋废弃物不仅得到了有效的治理，还实现了资源的最大化利用。

（三）海洋废弃物收益再分配体系：公平分配与共享收益的魔法石

这一体系是"蓝色循环"项目的保障，实现了海洋废弃物治理收益的公平分配和共享。构建信用评价服务体系，对渔船船东进行信用评价分级，提供多种增值服务。设立"蓝色生态共富基金"，支持一线的收集群众，调动他们参与治理的积极性。促进惠渔公益互助，推动企事业单位与登记渔船开展海洋垃圾收集公益结对活动，共同助力海洋生态治理。这样一来，更多的人从海洋生态治理中获得了实实在在的收益，形成了共治共享的良好局面。

四　"蓝色循环"的奇迹：成效与社会价值

自"蓝色循环"项目实施以来，台州的海洋废弃物治理工作取得了显著的成效。截至 2023 年 12 月底，该项目已回收海洋废弃物 11086.66 吨，其中海洋塑料废弃物 2386.35 吨，减少碳排放约 3102.26 吨，有效改善近岸海域环境，促进了生物多样性保护，成为全国单体回收海洋塑料废弃物量最大的项目。利用物联网技术链接沿岸收集群众和渔船，并以协议和联盟等形式，吸纳塑料再生巨头法国威立雅、237 家可为国际品牌商代工的国内塑料加工企业入驻，实现海洋塑料从收集到加工的全流程溯源闭环。这一成果不仅改善了海洋生态环境，也为沿海地区的经济发展带来了新的机遇。

2023 年，"蓝色循环"项目从全球 2500 个申报项目中脱颖而出，荣获联合国"地球卫士奖"，受到了更多国际组织和国家的关注与认可，该奖项是联合国环保领域的最高荣誉。蓝色循环"项目先后获得德国巴斯夫、日本东丽和伊藤忠商事株式会社等著名企业的技术与商业合作，并获得全球环境治理领军企业法国威立雅和世界银行的投资意向。此外，"蓝色循环"项目还作为中国方案参与国际塑料公约谈判。2024 年 2 月 26 日联合

国环境署在全球生态环境大会上表示，将在全世界宣传并推动
"蓝色循环"项目。新华社、人民日报、央视新闻联播和焦点访
谈等进行全面深度报道。

　　"蓝色循环"项目的社会价值更是不可估量。它创新了海洋
治理模式，实现了政府、企业、公众的多元共治。通过数字化
技术的应用，提高了治理效率和监管力度。同时，它也推动了
海洋废弃物的资源化利用和高值交易，为沿海地区的产业发展
带来了新的动力。截至 2023 年 12 月底，项目已在浙江省沿海
12 个县（市、区）实施，9900 多艘海上船舶、6300 名沿海民众
加入海洋废弃物收集活动，累计参与达 61800 次。金融机构为
沿海渔民和船东发放基于海洋环保的绿色低息贷款约 1.3 亿元，
联合沿海民众建设"小蓝之家" 15 个，为 1500 多名低收入民众
提供了收集点工作岗位，平均每月可增收 1100 元；237 家塑料
再生利用及产品加工企业加入平台，获得海洋塑料废弃物再生
加工订单与商业机会，海洋再生塑料以相比传统再生塑料高约
130% 的价格进入纺织服装、日化家具、电子电器、汽车配饰等
国内外市场，构建了具有内在驱动力的海洋环保模式。更重要
的是，"蓝色循环"项目还实现了海洋治理与共同富裕的融合发
展，让沿海地区的群众从海洋生态治理中获得了实实在在的

收益。

五　"蓝色循环"背后的英雄：人物与故事

台州的一个渔村里，几位热心的环保志愿者将自家院子改造成了一个"小蓝之家"，成为附近海域塑料垃圾的中转站。村民们积极参与，将在海滩上捡拾到的塑料垃圾送到这里进行分类、压缩和打包。随着"小蓝之家"的普及，越来越多的村民加入到海洋保护的行列中来，形成了良好的环保氛围。这些"小蓝之家"不仅解决了塑料垃圾的临时存放问题，还促进了社区间的环保交流与合作。

在"蓝色循环"项目的背后，一群人在默默付出，他们有的是政府工作人员，有的是企业家，还有的是普通的渔民，他们共同的目标就是改善海洋生态环境，实现海洋资源的可持续利用。该项目通过社区的力量，将废弃塑料垃圾问题转化为环保行动的动力，实现了海洋保护意识的提升与垃圾管理模式的有效创新，展现了公众参与和社区合作在推动可持续发展中的积极作用。

他们其中，有一位名叫李明的渔民，他参与了"蓝色循环"项目的试点工作。一开始，他对这个应用并不了解，也不知道如何操作。但在工作人员的帮助下，他逐渐学会了使用这个应用来申报和处理海洋废弃物。通过参与"蓝色循环"项目，他不仅获得了额外的收入，还感受到了保护海洋环境的重要性。现在，他已经成为这个项目的积极分子，经常向其他渔民宣传和推广这个应用。

还有一位名叫张华的企业家，他的企业也参与了"蓝色循环"项目的合作，负责收集和处理海洋废弃物，并将其转化为高值的再生塑料制品。通过参与这个项目，他的企业不仅获得了可观的经济收益，还提高了企业的社会责任感和品牌形象。现在，他的企业已经成为这个项目的核心合作伙伴之一。

在"蓝色循环"项目的推广过程中，还有许多像李明和张华这样的人物，他们用自己的行动诠释着对海洋的爱护和对未来的责任。他们的故事激励着更多的人加入到这个事业中来，共同为保护我们的家园贡献自己的力量。

展望未来，"蓝色循环"项目将继续发挥其创新优势，不断完善和优化治理模式。它将进一步扩大应用范围，覆盖更多的沿海地区和海域。同时，它也将深化与政府、企业、公众的合作，形成更加紧密的治理共同体。

在技术方面，"蓝色循环"项目将继续探索数字化技术在海洋治理领域的突破。它将利用大数据、人工智能等先进技术，提高治理效率和监管力度。同时，它也将加强与科研机构的合作，共同研发更加高效、环保的海洋废弃物处理技术。

在社会价值方面，"蓝色循环"项目将继续推动海洋废弃物的资源化利用和高值交易。它将拓展海洋塑料的应用领域，开发更多的高值产品。同时，它也将关注沿海地区的经济发展和社会福祉，让更多的人从海洋生态治理中获得收益。

"蓝色循环"项目还将积极参与国际交流与合作。它将与其他国家和地区分享治理经验和技术成果，共同推动全球海洋治理事业的发展。同时，它也将关注国际海洋治理领域的最新动态和趋势，不断学习和借鉴先进的治理理念和技术方法。

总之，"蓝色循环"不仅仅是一个海洋废弃物治理项目，更是一个关乎人类未来和地球命运的伟大事业。其独特性和实效性，也为全球海洋治理提供了新的思路和方向。我们期待着"蓝色循环"在未来能够继续发光发热，为我们的海洋和地球带来更多的希望和生机，也呼吁更多的人加入到这个事业中来，携手共创一个更加美好的蓝色星球！

主要参考文献

一　中文文献

白濛雨等：《城市污水处理过程中微塑料赋存特征》，《中国环境科学》2018 年第 5 期。

《倡导光瓶行动 杜绝用水浪费 不上瓶装水 带走"半瓶水"》，北京市水务局网站，https：//swj. beijing. gov. cn/swdt/swyw/202105/t20210525_2398425. html。

《当心！塑料包书皮危害孩子健康》，《中国妇女报》2016年 3 月 7 日。

《当心！塑料书包里的隐形"杀手"》，2021 年 4 月 21日，新华网，http：//www. xinhuanet. com/2021－04/21/c_1127357809. htm。

《倒掉 43 瓶未喝完的水，一酒店被罚！网友吵翻天……》，

《上海法治报》2023 年 3 月 9 日，https：//m. gmw. cn/2023-03/09/content_ 1303304299. htm。

何浩然、陈安来：《中国限制塑料袋使用的政策效果及国际经验借鉴》，《中国人口·资源与环境》2010 年第 11 期。

何曼君等编著：《高分子物理》（第三版），复旦大学出版社 2000 年版。

《会议"半瓶水"一年浪费 100 多万瓶 北京启动"光瓶行动"》，《北京晚报》2021 年 4 月 24 日。

阚顺源：《塑料编织袋的起源与终结——兼谈塑料编织袋低成本可持续发展之路》，《塑料包装》2009 年第 5 期。

李欢等：《我国塑料污染防治政策分析与建议》，《环境科学》2022 年第 11 期。

李丽洁、张乐天：《"限塑令"的社会学思考》，《环境保护》2008 年第 20 期。

刘汇佳、王华：《天津：向半瓶水说"不"》，《人民日报》（海外版）2021 年 5 月 4 日第 8 版。

刘静、刘强：《垃圾填埋场渗滤液对生态环境的污染影响及其治理》，《北方环境》2012 年第 1 期。

潘祖仁主编：《高分子化学》（第二版），化学工业出版社

2002 年版。

《全球视野下的环境治理领域动态》，《生物多样性保护与绿色发展》2023 年总第 53 期。

［美］苏珊·弗赖恩克尔：《塑料的秘史——一个有毒的爱情故事》，龙志超、张楠译，上海科学技术文献出版社 2013 年版。

《"塑料书皮"事关生态文明，绿会建议函获有关部门高度重视》，中国生物多样性保护与绿色发展基金会，2019。

《外卖塑料垃圾调查② | 一年 170 亿份外卖订单，近 70% 使用塑料餐盒，产生 160 万吨塑料垃圾》，海报新闻，2023 年 8 月 2 日，http://w.dzwww.com/p/pdWkSxcGa.html。

王豁等：《顺应生态文明建设需要"绿会指数"团体标准发布》，《大众标准化》2019 年第 9 期。

王琪等：《我国废弃塑料污染防治战略研究》，《中国工程科学》2021 年第 1 期。

王燕萍等：《我国一次性塑料污染管理对策研究》，《环境科学研究》2020 年第 4 期。

魏昕宇：《塑料的世界》，科学出版社 2019 年版。

温宗国：《以循环经济助推碳中和》，《可持续发展经济导刊》2022 年第 Z2 期。

温宗国：《应对挑战，塑料污染防治力度升级》，《中国生态文明》2020 年第 4 期。

谢之迎：《一年卖 9 亿杯，瑞幸狂飙百亿》，《世纪商业评论》，2023 年 3 月 3 日，https：//www. 163. com/dy/article/HUUD 28OG051994KN. html。

颜毓洁、王艳：《全球掀起"禁塑"风暴》，《生态经济》2019 年第 1 期。

由井浩、关淑卿：《热塑性复合塑料的材料的设计与应用（连载之一）——Ⅰ复合材料的发展史与热塑性复合材料的地位》，《塑料科技》1982 年第 2 期。

曾永平等：《环境微塑料概论》，科学出版社 2020 年版。

张玉龙、邢德林主编：《环境友好塑料制备与应用技术》，唐磊主审，中国石化出版社 2008 年版。

郑俊英、布瓜：《揭秘塑料》，四川少年儿童出版社 2023 年版。

《中国是全球塑料污染治理的引领者和贡献者》，2022 年 12 月 27 日，https：//www. ndrc. gov. cn/xwdt/ztzl/slwrzlzxd/202212/ t20221227_1344073_ ext. html。

周晋峰：《大趋势与对策，绿瓶行动，人工智能与荒野|2018硅谷高创会讲话》，2018年7月5日，http：//www.cbcgdf. org/NewsShow/4937/5581. html。

周晋峰：《这三份报告，诠释何为"人民战塑"》，《生物多样性保护与绿色发展》2023年总第52期。

周治等：《生物降解塑料发展现状与趋势》，科学出版社2021年版。

二 英文文献

Alvarez-Zeferino J. C. , Beltrán-Villavicencio M. , Vázquez-Morillas A. , "Degradation of Plastics in Seawater in Laboratory", *Open Journal of Polymer Chemistry*, 2015, 5 (4)：55-62.

Andrady A. L. , "Microplastics in the Marine Environment", *Marine Pollution Bulletin*, 2011, 62 (8)：1596-1605.

Austin H. P. , et al. , "Characterization and Engineering of a Plastic-degrading Aromatic Polyesterase", *Proceedings of the National Academy of Sciences of the United States of America*, 2018, 115：E4350-E4357.

Bhattacharjee S. , et al. , "Role of Membrane Disturbance and Oxidative Stress in the Mode of Action Underlying the Toxicity of Differently Charged Polystyrene Nanoparticles", *RSC Advances*, 2014, 4: 19321-19330.

Blarer P., Burkhardt-Holm P., "Microplastics Affect Assimilation Efficiency in the Freshwater Amphipod Gammarus Fossarum", *Environmental Science and Pollution Research*, 2016, 23 (23): 23522-23532.

Bornscheuer U. T., "Feeding on Plastic", *Science*, 2016, 351 (6278): 1154-1155.

Brandts I., et al., "Effects of Nanoplastics on Mytilus Galloprovincialis after Individual and Combined Exposure with Carbamazepine", *Science of the Total Environment*, 2018, 643: 775-784.

Buschow, K. H. J., et al., "Encyclopedia of Materials: Science and Technology", *MRS Bulletm*, 2004, 29: 512-513.

Carr S. A., Liu J., Tesoro A. G., "Transport and Fate of Microplastic Particles in Wastewater Treatment Plants", *Water Research*, 2016, 91: 174-182.

Chen X., et al., "Chemical Recycling of Plastic Wastes via Homogeneous Catalysis: A Review", *Chemical Engineering Journal*, 2024, 479: 147853.

Cheng L. , et al. , "Pyrolysis of Long Chain Hydrocarbon-based Plastics via Self-exothermic Effects: The Origin and Influential Factors of Exothermic Processes", *Journal of Hazardous Materials*, 2022, 424: 127476.

Choi J. S. , et al. , "Toxicological Effects of Irregularly Shaped and Spherical Microplastics in a Marine Teleost, the Sheepshead Minnow (Cyprinodon Variegatus)", *Marine Pollution Bulletin*, 2018, 129 (1): 231-240.

Christodoulides A. , Hall A. , Alves N. J. , "Exploring Microplastic Impact on Whole Blood Clotting Dynamics Utilizing Thromboelastography", *Frontiers in Public Health*, 2023, 11: 1215817.

Coates G. W. , Getzler Y. D. Y. L. , "Chemical Recycling to Monomer for an Ideal, Circular Polymer Economy", *Nature Reviews Materials*, 2020, 5: 501-516.

Ding Y. , et al. , "The Abundance and Characteristics of Atmospheric Microplastic Deposition in the Northwestern South China Sea in the Fall", *Atmospheric Environment*, 2021, 253: 118389.

Ellis L. D. , et al. , "Chemical and Biological Catalysis for Plastics Recycling and Upcycling", *Nature Catalysis*, 2021, 4:

539-556.

Eun-ju Kim, Ji-won Lee, *Plastic: Past, Present, and Future*, Scribe UK, 2020.

Free C. M. , et al. , "High-levels of Microplastic Pollution in a Large, Remote, Mountain Lake", *Marine Pollution Bulletin*, 2014, 85（1）: 156-163.

Gewert B. , et al. , "Identification of Chain Scission Products Released to Water by Plastic Exposed to Ultraviolet Light", *Environmental Science & Technology Letters*, 2018, 5: 272-276.

Gu W. , et al. , "Single-cell RNA Sequencing Reveals Size-dependent Effects of Polystyrene Microplastics on Immune and Secretory Cell Populations from Zebrafish Intestines", *Environmental Science & Technology*, 2020, 54（6）: 3417-3427.

Halle A. , et al. , "To What Extent are Microplastics from the Open Ocean Weathered?", *Environmental Pollution*, 2017, 227: 167-174.

He G. , et al. , "Reducing Single-use Cutlery with Green Nudges: Evidence from China's Food-delivery Industry", *Science*, 2023, 381（6662）: 1064.

Heudorf U. , Mersch–Sundermann V. , Angerer J. , "Phthalates: Toxicology and Exposure", *International Journal of Hygiene and Environmental Health*, 2007, 210 (5): 623–634.

Jambeck J. R. , et al. , "Plastic Waste Inputs from Land into the Ocean", *Science*, 2015, 347 (6223): 768–771.

Jenner L. C. , et al. , "Detection of Microplastics in Human Lung Tissue Using μFTIR Spectroscopy", *Science of the Total Environment*, 2022, 831: 154907.

Ju H. , Zhu D. , Qiao M. , "Effects of Polyethylene Microplastics on the Gut Microbial Community, Reproduction and Avoidance Behaviors of the Soil Springtail, Folsomia Candida", *Environmental Pollution*, 2019, 247: 890–897.

Kaabel S. , et al. , "Enzymatic Depolymerization of Highly Crystalline Polyethylene Terephthalate Enabled in Moist–solid Reaction Mixtures", *Proceedings of the National Academy of Sciences of the United States of America*, 2021, 118 (29): e2026452118.

Kozlov M. , "Landmark Study Links Microplastics to Serious Health Problems", *Nature*, 6 March, 2024, http://www.nature.com/articles/d41586-024-00650-3.

Lee K. W. , et al. , "Size-dependent Effects of Micro Polystyrene Particles in the Marine Copepod Tigriopus Japonicus", *Environmental Science & Technology*, 2013, 47 (19): 11278-11283.

Lehner R. , et al. , "Emergence of Nanoplastic in the Environment and Possible Impact on Human Health", *Environmental Science & Technology*, 2019, 53 (4): 1748-1765.

Liu Z. , et al. , "How does Circular Economy Respond to Greenhouse Gas Emissions Reduction: An Analysis of Chinese Plastic Recycling Industries", *Renewable and Sustainable Energy Reviews*, 2018, 91: 1162-1169.

Lopez G. , et al. , "Recent Advances in the Gasification of Waste Plastics: A Critical Overview", *Renewable and Sustainable Energy Reviews*, 2018, 82: 576-596.

Lu B. , et al. , "Gas-heat-electricity Poly-generation System Based on Solar-driven Supercritical Water Gasification of Waste Plastics", *Chemical Engineering Journal*, 2023, 472: 144825.

Ma B. , et al. , "Multiple Dynamic Al-based Floc Layers on Ultrafiltration Membrane Surfaces for Humic Acid and Reservoir Water Fouling Reduction", *Water Research*, 2018, 139: 291-300.

Mahmud R. , et al. , "Integration of Technoeconomic Analysis and Life Cycle Assessment for Sustainable Process Design—A Review", *Journal of Cleaner Production*, 2021, 317: 128247.

Munari C. , et al. , "Microplastics in the Sediments of Terra Nova Bay (Ross Sea, Antarctica) ", *Marine Pollution Bulletin*, 2017, 122 (1): 161-165.

Narancic T. , et al. , "Biodegradable Plastic Blends Create New Possibilities for End-of-life Management of Plastics but They are not a Panacea for Plastic Pollution", *Environmental Science and Technology*, 2018, 52 (18): 10441-10452.

Navarro C. A. , et al. , "A Structural Chemistry Look at Composites Recycling", *Materials Horizons*, 2020, 7 (10): 2479-2486.

Okunola A. A. , et al. , "Public and Environmental Health Effects of Plastic Wastes Disposal: A Review", *Toxicological Risk Assessment*, 2019, 5: 1510021.

Qian Q. , Ren J. , "From Plastic Waste to Potential Wealth: Upcycling Technologies, Process Synthesis, Assessment and Optimization", *Science of the Total Environment*, 2024, 907: 167897.

Rahimi A. , Garciía J. M. , "Chemical Recycling of Waste Plastics for New Materials Production", *Nature Reviews Chemistry*, 2017, 1 (6): 16.

Ranjan V. P. , Joseph A, Goel S. , "Microplastics and Other Harmful Substances Released from Disposable Paper Cups into Hot Water", *Journal of Hazardous Materials*, 2021, 404: 124118.

Rochman C. M. , et al. , "Scientific Evidence Supports a Ban on Microbeads", *Environmental Science & Technology*, 2015, 49 (18): 10759-10761.

Sagong H. Y. , "Decomposition of the PET Film by MHETase Using Exo-PETase Function", *ACS Catalysis*, 2020, 10: 4805-4812.

Sanyang M. L. , et al. , "Effect of Plasticizer Type and Concentration on Tensile, Thermal and Barrier Properties of Biodegradable Films Based on Sugar Palm (Arenga Pinnata) Starch", *Polymers*, 2015, 7: 1106-1124.

Son H. F. , et al. , "Rational Protein Engineering of Thermo-stable PETase from Ideonella Sakaiensis for Highly Efficient PET Degradation", *ACS Catalysis*, 2019, 9 (4): 3519-3526.

Tanaka K. , Takada H. , "Microplastic Fragments and Microbeads in Digestive Tracts of Planktivorous Fish from Urban Coastal Waters", *Scientific Reports*, 2016, 6（1）: 34351.

Taniguchi I. , et al. , "Biodegradation of PET: Current Status and Application Aspects", *ACS Catalysis*, 2019, 9（5）: 4089 - 4105.

Taylor M. L. , et al. , "Plastic Microfibre Ingestion by Deep - sea Organisms", *Scientific Reports*, 2016, 6（1）: 33997.

Tournier V. , et al. , "An Engineered PET Depolymerase to Break down and Recycle Plastic Bottles", *Nature*, 2020, 580: 216 - 219.

Vollmer I. , et al. , "Beyond Mechanical Recycling: Giving New Life to Plastic Waste", *Angewandte Chemie International Edition*, 2020, 59: 15402 - 15423.

Wang Y. , et al. , "The Uptake and Elimination of Polystyrene Microplastics by the Brine Shrimp, Artemia Parthenogenetica, and Its Impact on Its Feeding Behavior and Intestinal Histology", *Chemosphere*, 2019, 234: 123 - 131.

Wang Z. F. , Sedighi M. , Lea-Langton A. , "Filtration of Microplastic Spheres by Biochar: Removal Efficiency and Immobilisation

Mechanisms", *Water Research*, 2020, 184: 116165.

Wei R. , et al. , "Possibilities and Limitations of Biotechnological Plastic Degradation and Recycling", *Nature Catalysis*, 2020, 3: 867-871.

Wu B. , et al. , "Size-dependent Effects of Polystyrene Microplastics on Cytotoxicity and Efflux Pump Inhibition in Human Caco-2 Cells", *Chemosphere*, 2019, 221: 333-341.

Yang J. , et al. , "Evidence of Polyethylene Biodegradation by Bacterial Strains from the Guts of Plastic-eating Waxworms", *Environmental Science & Technology*, 2014, 48 (23): 13776-13784.

Yang Y. , et al. , "Biodegradation and Mineralization of Polystyrene by Plastic-eating Mealworms: Part 2. Role of Gut Microorganisms", *Environmental Science & Technology*, 2015, 49 (20): 12087-12093.

Yoshida S. , et al. , "A Bacterium that Degrades and Assimilates Poly (Ethylene Terephthalate) ", *Science*, 2016, 351: 1196-1199.

Zhang Y. , et al. , "Waste Flow of Wet Wipes and Decision-making Mechanism for Consumers' Discarding Behaviors", *Journal of Cleaner Production*, 2022, 364: 132684.

Zhou G., et al., "How many Microplastics do We Ingest When Using Disposable Drink Cups?", *Journal of Hazardous Materials*, 2023, 441: 129982.